做人是一门艺术，做事更是一门学问

会做人方能事事顺利；会办事才可左右逢源。
生活中的「灵丹妙药」，职场中的「智慧大餐」！
集做人做事做到位经验之大成：教你把握做人的分寸、做事的火候！

老　泉　谢月华◎著

Zuoshou Zuoren Youshou Zuoshi

左手做人
右手做事

中国言实出版社

图书在版编目(CIP)数据

左手做人 右手做事 / 老泉,谢月华著. —北京 :
中国言实出版社,2012.12
ISBN 978-7-5171-0042-3

Ⅰ.①左… Ⅱ.①老… ②谢… Ⅲ.①人生哲学—通
俗读物 Ⅳ.①B821—49

中国版本图书馆 CIP 数据核字(2012)第 293387 号

责任编辑:李 生 孙法平

出版发行 中国言实出版社
地 址:北京市朝阳区北苑路 180 号加利大厦 5 号楼 105 室
邮 编:100101
电 话:64924716(发行部) 51147960(邮 购)
64924853(总编室) 56423695(编辑部)
网 址:www.zgyscbs.cn
E-mail:zgyscbs@263.net
经 销 新华书店
印 刷 北京市德美印刷厂
版 次 2013 年 1 月第 1 版 2013 年 1 月第 1 次印刷
规 格 710 毫米×1000 毫米 1/16 15.5 印张
字 数 180 千字
定 价 32.00 元 ISBN 978-7-5171-0042-3

做人与做事,是千古不变的历史主题,也是每个人必须面对的人生课题。所谓做人,就是踏踏实实,做个好人;所谓做事,就是脚踏实地,做好事情。做人与做事既相互区别又相互渗透,不会做人,很难把事做好;不会做事,也做不了成功的人。

做人的基本要求是:正直、善良、诚实、守信。做一个对社会有用的人。做事先做人,这是自古不变的道理。如何做人,不仅体现了一个人的智慧,也体现了一个人的修养。一个人不管多聪明,多能干,背景条件有多好,如果不懂得做人,人品很差,那么,他的事业将会大受影响。做事即做人。人生在世,无论做什么事,都注重做事的精神意义,通过做事来提升自己的精神世界,始终走在自己的精神旅程上,只要这样,无论做什么事都是有意义的,而所做之事的成败则变得不是很重要了。

世界上有许多人之所以一事无成,就是常常在做人做事两个方面犯低级的错误。从表面上看,做人做事似乎很简单,有谁不会呢?其实不然,比如说你当一名教师,你的主观愿望是当好教师,但事实上却不受学生欢迎;你去做生意,你的主观愿望是赚大钱,可偏偏就赔了本。抛开这些表层现象,去发掘问题的症结,你就会发现做人做事的确是一门很难掌握的学问。可以这么说,做人做事是一门涉及现实生活中各个方面的学问,单从任何一个方面入手研究,都不可能窥其全貌。要掌握这门学问,抓住其本质,就必须对现实生活加以提炼总结,得出一些具有普遍意义的规律来,人们才能有章可循,而不至于茫然无绪。一个人不管有多聪明,多能干,背景条件有多好,如果不懂得如何去做人、做事,那么他最终的结局肯定是失败。很多人之所以一辈子都碌碌无为,那是因为他活了一辈子都没有弄明白该怎样去做人做事。

做人做事是一门艺术,更是一门学问。做人做事像时钟一样,并非走得快就好，而在于走得是否准。做人做事恰如其分，是人生的最高境界。做事做到恰到好处，是人生的最大学问。无论做人做事，多掌握一些方法都可以给人多一条出路！它还会让你在成功路上如鱼得水，左右逢源。

目　录
Contents

左手做人：堂堂正正，做人就要做到优秀

第一章　堂堂正正，做个忠诚正直的人

堂堂正正做人是中华民族的传统美德，早已成为我国历代仁人志士的人生追求和做人之道。做人堂堂正正是一种很快乐很美好的境界，堂堂正正就可以无愧、无畏地正视每一双眼睛，把尊严、平静和快乐留给自己，将自信、智慧和热情带给别人，从而幸福自己，和谐大家。

第二章　以诚为本，做个诚实可靠的人

诚信是无言的，但它的力量却是巨大的。在一个人的一生当中，可以没有金钱，也可以没有荣誉，但绝不能没有诚信。"人，以诚为本，以信为天。"有了它，你才能和别人相处得更加融洽；有了它，你的生活才能更加滋润；有了它，你的人生才能更加丰富多彩。

第三章 心胸开阔,做个宽容豁达的人

世界上最宽阔的是海洋;比海洋更宽阔的是天空;比天空更宽阔的是人的心胸。做人心胸有多宽,人生的道路就有多宽。有一颗宽广豁达的心,才能不为时局所限,创造出自己的广阔天地。把心放宽,坦坦荡荡,才能勇者无畏,走向自己的光明大道。

第四章 藏锋敛芒,做个低调谦逊的人

低调谦逊是一种态度,一种品格,也是一种境界,更是做人的最佳姿态。学会低头,才能出头;懂得藏锋,才能安稳。所以,为人不可自傲,不可张狂,更不可锋芒毕露。低调谦虚,抱头藏尾,更有利于成功。

第五章 八面玲珑,做个广受欢迎的人

方是做人的脊梁,圆则是做人的锦囊。方为刚,圆为柔;方是原则,圆为机变;方是以不变应万变,而圆则是以万变应不变。别以为圆滑就是世故,老到就是阴险,恰恰是八面玲珑,才能左右逢源。所以,方圆做人,才是做人的大智慧,成功的大前提。

第六章 专注执著,做个坚持到底的人

骐骥一跃,不能十步;驽马十驾,功在不舍。同样,成功的秘诀不在于一蹴而就,而在于你是否能够持之以恒。任何伟大的事业,成于坚持不懈,毁于半途而废。世间最容易的事是坚持,最难的,也是坚持。说它容易,是因为只要愿意,人人都能做到;说它难,是因为能真正坚持下来的,终究只是少数人。

右手做事:全力以赴,做事就要做到完美

第七章 认真做事,认真踏实不浮躁

世界上最怕的就是"认真"二字,因为只要认真,就没有做不成的事,没有办不好的事。所以,善做事,就一定要认认真真,踏踏实实,杜绝马虎,远离浮躁。

第八章　勤奋做事,努力苦干不偷懒

任何一个对人类有贡献的人,都认为勤奋是做人的根本。能有好的工作、好的收入,没有别的办法,就是靠勤奋。妄想不劳而获的人大都不承认勤奋是做人的根本,而要靠别的方式去获取名利地位,以致走上犯罪的道路。无数事实证明:成功的捷径是勤奋。

第九章　聪明做事,机敏灵活不死板

通往成功的道路不是一条,变通做事是面对困境或难题时,善于转弯、另辟蹊径。变通不是恭维圆滑,而是一种方式的改变与尝试,无论什么时候都不应该忘掉变通的方式。变通做事让你在危难关头化险为夷,在生活中如鱼得水。变通做事,方能化解矛盾,硕果累累。

第十章　细致做事,重视细节不粗心

在这样一个细节决定命运的年代,一件小事中会有无数个细节问题,那些看起来十分不起眼的小细节,往往蕴藏着深刻的大道理,在无形中影响着你的一生,改变着你的命运。所以,要把事情做好,就要将小事做好才能成就大事。

第十一章　高效做事,积极行动不拖延

> 做事最需要的是效率,没有效率的忙,只不过是空忙,没有效率的累也只不过是白累。所以,杜绝拖延,甩掉借口,积极行动,寻找最有效的方法,高效做事,才能让我们忙得有效果,累得有价值,才能真正把事情做好、做实、做完美。

双手平衡:会做人善做事,拥抱成功的人生

第十二章　把握分寸,不说过头话不做出格事

> 古往今来,任何事都离不开"分寸"二字。人生做事最难的,不是少做或多做,而是把事情做到什么样的程度。做事要把握分寸,事情做过头了,或者没做够,都是不可取的。做事做到恰到好处,是人生的最大学问,才能实现做事的最高境界。

第十三章　做事先做人,人做好了事情自然好做

做事就是做人,做人是做事的开始,做事是做人的结果。要做事,先要会做人。只要把人做好了,事情自然就好做了,那么做任何事情都会如鱼得水,如云在天,成功也就自然而然,顺理成章。

第十四章　做人也在做事,事情成功人生就能成功

做人做事是一门艺术,更是一门学问。只有在做事中才能体会做人的道理,只有在做人中才能体会做事的意义。左手做好人,右手做好事,让自己会做人,善做事,那么成功又怎么会属于他人?

附　录

左手做人：
堂堂正正，做人就要做到优秀

第一章
堂堂正正，做个忠诚正直的人

　　堂堂正正做人是中华民族的传统美德，早已成为我国历代仁人志士的人生追求和做人之道。做人堂堂正正是一种很快乐很美好的境界，堂堂正正就可以无愧、无畏地正视每一双眼睛，把尊严、平静和快乐留给自己，将自信、智慧和热情带给别人，从而幸福自己，和谐大家。

1.

堂堂正正是做人的规矩

堂堂正正做人，是为人处世的基本原则。一个人要干出一番事业，要获得生活的快乐和人生的成功，最重要的就是要具备优秀的品质。实际上，我们谁不向往品质优秀呢？人人都想气质美好，都想富有魅力，都想心理成熟，而这些在很大程度上都是由品质决定的，是由潜藏于我们内心深处的堂堂正正地做人原则所决定的。

有一个线与风筝的故事：

风筝和线一直和平共处，休戚与共。直到有一天，风筝偶然看到自己的同类在挣脱线的束缚后，骤然如汪峰唱得那样"飞得更高"。它好像是明白了：原来没有线的风筝可以更自由，飞得更高。

"我要放飞自己，有一片属于自己的天空，自由自在地飞翔。"风筝对线说。

"我可以放手，也可以让你回归辽阔的天空。不过没有了我，你可是会摔得粉身碎骨的。我们不能分开的！"线充满关切地说。

"你不要总是像膏药一样粘着我啊！没有你，我会飞得更高！我不想被你这么拖累一辈子，快放手！"风筝气急败坏地说道。

"此刻放手，即是永别！我知道，你会一去不复返的。我只是希望你明白，虽然外面的世界看上去很美，那却只是一个虚假的表象。如果你真的离开我，只会得到一个意想不到的无奈结局。"

"切！少自恋了！你以为我离开了你就真的不能生存下去吗？"

"如果你去意已决，我只有随你了……"

在挣脱线后的一刹那，风筝想：终于真真切切感觉到了什么是自由，终于有了一片属于自己的天空了。可是还没等它享受这片刻的自由快感，风筝就即刻坠向地面，摔得粉身碎骨了。

的确，自由与束缚，是一对永恒的矛盾，我们该如何平衡二者呢？俗话说，无规矩不成方圆。我们生活在这个社会，不可以没有自由，也不可以没有束缚，它们总是相对应而存在的，二者的完美结合，就是秩序！这就如同火车和铁轨的关系一样：火车虽被铁轨束缚着，但仍可以奔驰四方；如果火车失去了两根铁轨的约束，就只能像那些把持不住自己的人一样——出轨了！这两根铁轨，就是做人的规矩原则，就是不能触碰的底线。做人的规矩，就像马路上的红绿灯，虽然它可能会给我们带来某些不便，但正因为有了红绿灯，道路才有了秩序，我们的安全也才有了保障。如果你违反交通规则，乱闯红灯，后果就很严重了。做人的规矩，是我们不得不遵守的。

程砚秋出生于一个没落的贵族家庭，他6岁拜师学艺，通过勤学苦练，最终登台表演，创立了独树一帜的"程派"京剧唱腔。程砚秋成名之后，已经不需要为生存发愁了。在1930年的军阀混战时期，他目睹人民大众身处水深火热之中，就演出了20多场具有悲剧特色的戏曲。他在这些戏曲中塑造的艺术形象，同情下层人民，呼唤自由生活，反对压迫，反抗一切罪恶，号召人民起来反抗，引起了强烈的反响。

抗战爆发后，日军占领北平，要求程砚秋为他们"唱堂会"。程砚秋刚正不阿，坚决不从。日本侵略者以整个北平京剧界的人的性命相要挟，要他去唱戏。程砚秋对日本人派来的人说道："我一人做事一人当，绝不拖累大家。为日本人唱戏我是绝对不答应的,请回去告诉日本人,如果他们不满只管找我,不要为难整个京剧界的人!"来人见他断然拒绝,只好灰溜溜地回去。

后来,程砚秋到上海演出,在演出完毕返回北京时,刚一下火车,就被日本宪兵以调查为名抓了起来。20多个特务和宪兵对他拳打脚踢,程砚秋依靠自己的一些武术根底,与对方搏斗,击退敌人并趁机逃了出来。后来,日本宪兵又闯到他家,气势汹汹地逼他唱戏,程砚秋让夫人挡门才打发了日本人。

面对日本人的骚扰,程砚秋深切地感到只有离开北平才能安身,于是他到北平西郊颐和园背后的青龙桥隐居了起来。然而隐居之后,他仍免不了日本宪兵的骚扰。有一次,程砚秋不在家,日本宪兵闯入了他青龙桥的家中,企图搜出一些"罪证",可惜一无所获。程砚秋回来后当即表示:"他们要来就来吧,就算是死我也绝不屈服!"正直爱国的程砚秋,已经把生死置之度外。

同梅兰芳"蓄须明志"一样,程砚秋宁愿隐居起来也决不为日本人唱戏。他的堂堂正正赢得了更多人的尊重,程砚秋的名字也越来越响,最终成为京剧界的四大名旦之一。有人说程砚秋的成功靠的就是高超的表演才能,我们并不否认,但是需要强调的是,拥有一颗堂堂正正的心是他获得成功的重要条件。程砚秋在人们身处苦难之时表现出的反抗精神,在日本人面前的刚正不阿,都展现出一种堂堂正正的品质,正是这种品质,为他的成功奠定了重要的基础。

孟子云:"富贵不能淫,贫贱不能移,威武不能屈,此之谓大丈夫。"这里说的就是一种堂堂正正的精神。古今中外所有的伟人都具备一个共同的性格,那就是堂堂正正。无论是铁面无私的包拯,还是直言敢谏的魏征,抑或是为了科学事业坚决不卖镭的专利的居里夫人,都从不同的方面展现了堂堂正正的精神。拥有堂堂正正的品格会使你深深地影响身边的同事、朋友和爱人,使他们更加信任你,尊敬你。正如《论语》所说:"其身正,不令而行;其身不正,虽令不从。"

要做到堂堂正正,关键要诚意正心。正心方能堂堂正正,正心需要正确的人生观、价值观做支撑。当你成了金钱和权力的奴隶,你还能在金钱权力的面前堂堂正正吗?我们可以用合乎道的正确方式去追求财富、荣誉和地位，这就是正心。大丈夫立于天地之间，得到固然欣喜，失去绝不沮丧。当你明白生命的真谛，你才能真正成为一个真正意义上的大写的人。

做人堂堂正正是一种很快乐很美丽的境界，堂堂正正就可以无愧、无畏地正视每一双眼睛，把尊严、平静和快乐留给自己，将自信、智慧和热情带给别人，从而幸福自己，和谐大家。堂堂正正做人，是一切道德之首。人品不好，名声必败。作为员工，做好工作不仅要靠能力，更要靠人格魅力。人生的经验与智慧告诉我们，无论现实中发生了什么，堂堂正正始终是做人之本。因为这个世界上最受欢迎、最受爱戴的那些人物，无不具有堂堂正正的灵魂。

2.

正直是金，修炼优秀的职场人品

做人要正直。古人云："政者，正也"。"若安天下，必先正其身"。法国著名浪漫主义文学家雨果说过："做好人容易，做正直人却难。"的确，做一个正直的人就要以高标准来要求自己，要有高度的荣誉感；做一个正直的人要具备道德感，并且能够遵从内心的良知；做一个正直的人还要具备敢于挑战困难的勇气和力量。

正直是一个人成功必不可少的条件，是一个人成为伟人的必备品格。伟人往往具有坚定不移的意志，而恰恰正直使他们能够坚持不懈，一心一意地追求自己的目标；成功的人往往能做到心地坦然，也正是正直给了他们一种内在的平静，使他们能够经受住挫折和不公。因此，一个人要想成为伟人，首先就要做到为人正直。

方孝孺是明建文帝最亲近的大臣，他视建文帝为知遇之君，

忠心不二。后来燕王朱棣造反，攻陷南京，逼得建文帝自焚而亡。明成祖的第一谋士姚广孝跪求朱棣不要杀方孝孺，否则"天下读书的种子就绝了"，明成祖答应了他。史书记载如下：成祖发北平，姚广孝以方孝孺为托，曰："城下之日，彼必不降，幸勿杀之，杀方孝孺，天下读书种子绝矣！"燕王（即明成祖）入城，文武百官多见风转舵，投降求生。方孝孺不降，燕王便以之为奸臣，捕入狱。燕王登基称帝。知方孝孺名重天下，欲用之以收揽人心，屡次示意：当贰臣即释放、封官，却遭严词拒绝。

方孝孺日日为建文帝穿丧服啼哭，明成祖派人强迫他来见自己，方孝孺穿着丧服当庭大哭。明成祖要拟即位诏书，大家纷纷推荐方孝孺，遂命人将其从狱中召来，方孝孺当众嚎啕，声彻殿庭，明成祖也颇为感动，走下殿来跟他说："先生不要这样，其实我只是效法周公辅弼成王来了。"方反问："成王安在？"明成祖答："已自焚。"方问："何不立成王之子？"成祖道："国赖长君。"方说："何不立成王之弟？"成祖道："此朕家事！"并让人把笔给方孝孺，说："此事非先生不可！"方投笔于地，且哭且骂："死即死，诏不可草。"成祖暗压怒火说："即死，独不顾九族乎？"方孝孺用更大的声音答道："便十族奈我何？"朱棣气急败坏，恨其嘴硬，叫人将方孝孺的嘴角割开，撕至耳根，大捕其宗族门生，每抓一人，就带到方面前，但方根本无动于衷，头都不抬。

明成祖彻底绝望了，也横下一条心，不仅灭他九族，把方孝孺的朋友门生也列作一族，连同宗族合为"十族"，总计873人全部凌迟处死！

正直的人自有一股正气，浩然于天地之间。在我们的一生中，有许多因素可以诱惑你、扭曲你、强迫你做这做那，令你屈服。然而人世间除了声望、权利、金钱、暴力等等之外，还有一个可以使人成功的秘诀，那就是正直的品格。明代的方孝孺就是这样一位宁折不弯的忠贞义士。只有正直的品格，才会最终赢得人们的普遍尊敬。

古人说"修身，齐家，治国，平天下"，首先第一步是要修身，若"自身"都没有修炼好，就更别提之后的齐家，治国，平天下了。而修身中很重要的一点就是关乎一个人的人品。纵观历史上的那些伟大人物，他们之所以能够成就丰功伟业，其实他们与凡人并无多大差别，有差别的只是他们具备了做人的优秀品质，运用了超人的智慧。一个具备优秀品质的人，无论在何种环境、条件下，都会最终超越他的同伴。环境、条件只能制约他成功的过程，但绝对无法阻止他最终取得成功。

李开复在苹果公司工作时，恰逢一次公司裁员，当时李开复必须在两个业绩不佳的员工中裁掉一位。

第一位员工毕业于卡内基梅隆大学，是他的师兄。他十多年前写的论文非常出色，来公司后却很孤僻、固执，而且工作不努力，没有太多业绩可言。他知道面临危机后就跑来恳求李开复，说自己年纪不小，又有两个小孩，希望李开复顾念同窗之谊，网开一面。甚至连瑞迪教授（李开复和他共同的老师）都来电暗示他尽量照顾师兄。

另一位是刚加入公司两个月的新员工，他还没时间表现，但应该是一位有潜力的员工。于是，李开复内心里的"公正"和"负责"的价值观告诉他应该裁掉师兄，但是他的"怜悯心"和"知恩图报"的观念却告诉他应该留下师兄，裁掉那位新员工。后来，李开复为自己做了"报纸测试"：在第二天的报纸上，他更希望看到哪一则头条消息呢，是"徇私的李开复，裁掉了无辜的员工"，还是"冷酷的李开复，裁掉了同窗的师兄"？虽然李开复极不愿意看到这两则"头条消息"中的任何一则，但相比之下，前者的打击更大，因为它违背了他最基本的诚信原则。如果违背了诚信原则，他认为自己没有颜面见到公司领导，也没有资格再做职业经理人了。

于是，李开复裁掉了师兄，然后他告诉自己的师兄，今后如果有任何需要他的地方，他都会尽力帮忙。对于李开复本人来说，这是一个痛苦的经历，因为这样做违背了他强烈的"怜悯心"和"知恩图报"的价值观。但是，"公正"和"负责"的价值观对李开复而言更崇高、更重要。虽然选择起来很困难，但最终他还是面对自己的良心，因为他知道这个决定才符合自己做事的正直品德。

正直是世间最强大的一种力量。正直的人内心只有天理良心，从而不惧怕任何责难。因为正直，他不会去过多计较个人得失，不怕打击报复，不畏权势，敢说真话，面对权利不以权谋私；面对邪恶敢挺身而出，不阿谀奉承、不随波逐流，也不会违心地说假话、谎话，而是凡事有自己的立场，有自己的底线，有自己坚守的准则。

正直的品格是支撑我们人格的精神骨架，正是这样的骨架分出了人类精神的高下美丑。有些人看上去很魁梧，与之相处久了却觉得其矮小猥琐；有些人毫不起眼，终让你在他平淡如行云流水中领略到山高水深。看不见的力量才是大力量，那就是一个人的道德品质，而其中最珍贵也是最基本的品格必然是正直。

3.

爱岗敬业，做个忠诚可靠的人

忠诚是一种美德，也是一种修养，更是一种风骨。哲学家说："如果说智慧像金子一样珍贵的话，那么还有一种东西更为珍贵，那就是忠诚。如果你是忠诚的，那你一定会成功。"因而，在很大程度上，忠诚其实是一种比能力还要重要的"道德能力"。

忠诚于工作，忠诚于公司，忠诚于老板，忠诚于自己的领导，这是一个员工的高尚品德。当老板评价你的时候说："不错！忠诚可靠！"这应该是对一个员工人格品质的最高褒奖和最大的肯定，每一个员工都应以此为荣，同时你就迈向了事业的更高的台阶。

忠诚的最佳表现就是爱岗敬业。爱岗敬业是任何一个平凡的岗位对工作人员最基本的要求。任何人都有追求荣誉的天性，都希望最大限度地实现自我价值。而要把这种理想变成现实，靠的是什么？靠的就是在平凡岗位上的爱岗敬业。

记得在一本书上看到过这样一则寓言：

动物王国的小狗汤姆毕业后到处找工作，忙碌了好多天，却没有一家单位录用他。因此，他垂头丧气地对狗妈妈诉苦说："没有一家公司肯录用我，我真是个废物啊。"狗妈妈不由问道："那么，你的朋友蜜蜂、蜘蛛、百灵鸟和猫都找到工作了吗？"

汤姆说："蜜蜂当了空姐，蜘蛛当了网络员，百灵鸟当了歌星，猫当了警察。"

狗妈妈继续问道："还有马、绵羊、母牛和母鸡呢？"

汤姆说："马去拉车了，绵羊做了纺织工，母牛可以产奶，母鸡会下蛋。和他们不一样，我是什么能力也没有。"

狗妈妈想了想，说："你的确不是一匹会拉车的马，也不是一只会下蛋的鸡，可你不是废物，你是一只能看家的狗。虽然你本领不大，可是，一颗忠诚的心就足以弥补你能力的缺陷。"

汤姆听了妈妈的话，使劲地点点头。终于，汤姆在狮子开的一家公司找到了保安工作。由于忠心不二，很快当上了保安部门经理。

秘书鹦鹉不服气，去找老板狮子理论，说："小狗汤姆既没有高学历，也不是公司元老，凭什么给他那么高的职位呢？"

狮子回答说："很简单，因为他对公司很忠诚。"

企业提供的工作机会往往偏爱高度忠诚的人，而一个人要想在一家企业获得成功，首先必须是一个忠诚的人。一个人的能力是成功的资本，但不是决定性因素。即使有的人自认为才华横溢，但要是没有忠诚的维系，他做起事情来也不会投入所有的精力，也不会尽心尽力、尽职尽责。因此，员工如果想在工作中有所作为，得到上司或老板的信任，忠诚是唯一的捷径。

鲍勃原来是公司的生产工人，后来，他主动申请加入公司营销行列。因为当时公司正在招聘营销人员，而且各项测试显示他也适合从事营销工作，经理便同意了。

那时，公司规模还很小，只有三十几个人，面临着许多要开发的市场，公司并没有足够的财力和人力。因此，鲍勃只身一人被派往西部一个市场——其他许多市场，也只派出一人。在这个城市里，鲍勃一个人也不认识，吃住都成问题，但心中对企业的忠诚以及对工作机会的珍视，使他没有丝毫的退缩。没钱乘车，他就步行，一家单位一家单位地拜访，向他们介绍公司的产品。他经常为等一个约好见面的人而顾不上吃饭，因此而落下胃病。他租住的是一家闲置的车库，只有一扇卷帘门，而且没有电灯。晚上门一关，屋子里一丝光线也没有。那个城市春天多沙尘暴，夏天则经常下冰雹，冬天经常下冻雨，对于一个物质贫乏的推销员，这无疑是严峻的考验。而且公司的条件差到超乎鲍勃的想象，连产品宣传资料都供不上，鲍勃只好买了复写纸，自己手写宣传资料。

在这样的条件下，鲍勃始终没有动摇。他对自己说："我必须忠诚于我所从事的这份工作。"

一年后，被派往各地的营销人员都回来了，其中还有几个人早已不堪工作艰辛而悄无声息地离职了。当然，最后只有鲍勃干得最好。最好的员工自然会得到最好的回报，后来，鲍勃被任命为市场总监，这时，公司已经是一个上千人的中型企业了。

忠诚的人往往能将自己的发展和公司的存亡紧密结合在一起，他们会积极主动、不遗余力地履行自己的义务，完成自己的职责。因此，忠诚表现的是一种对职业的忠诚，是一种对职业的责任感，是承担某一责任或者从事某一职业所表现出来的良好道德和崇高品质。

品德高尚的员工对于企业而言是一笔宝贵的财富，这样的员工除了能在企业的生产、管理上起到积极的作用外，还能产生良好的榜样作用并带动其他员工，从而更好地促进企业的发展。当你真正把忠诚根植于内心的时候，你就会以一种高度负责的精神去完成自己的工作，从而获得比别人更多的经验，也让自己的潜能得到充分发挥。这样必然会提高自己的办事效率，增强自己的实力，让自己真正拥有实现自我价值的资本，走向更加辉煌的人生大道。

　　某公司销售部王经理和高层发生意见分歧，双方一直未能达成共识，为此，王经理耿耿于怀，准备跳槽到一家竞争对手公司。一方面出于私愤，另一方面是为了向未来的"主子"邀功，王经理暗地里把公司的机密文件和客户电话散布给各地经销商，使得公司的业务一片混乱，并引发了很多业务纠纷，从各地打来的电话几乎将公司电话打爆。这还不算，他还向当地工商、税务部门举报，检举公司的账目有问题。经过一番检查，证明公司是清白的，但仍给公司带来了很大的伤害。当王经理带着满意的"成果"去向竞争对手公司邀功请赏时，没想到这家公司见王经理是这般对待"老东家"，便担心他以后会不会"如法炮制"对待自己的公司呢？身边有这样一个人，不就像是埋下了一个随时可能爆炸的炸弹吗？自然不敢收留他。

　　缺失了做人的前提，又怎么能成就大事业？作为员工，如果为了一丁点儿个人的利益而牺牲公司利益，这样的人在世界的任何角落都不会受到欢迎，因为你出卖的不仅是公司的利益，而是做人的尊严。哪怕是从你手中获益的人，也会在心底对你产生鄙夷。事实上，对于一个职场中人而言，能力固然重要，但高尚的人品更重要！

4.

清白坦荡，不贪不义之财

　　清白做人是一个人为人的基本准则，也是衡量一个人品质的基本要素。清白做人的内涵原本是很丰富的，但有时主要是从对金钱的态度而言。一个人有了清白坦荡，就能处处从良心出发规范自己的言行举止；就能与人为善,不去做伤天害理的事。现实证明,要想平安生活,心地坦然,就不能忘记了"清白"二字。历史也告诫我们,要想不忤逆列祖列宗,不愧对子孙后代,不辱于父老乡亲,就要清清白白做人。

战国时期,田稷在齐国为相。三年后,退休还家,把百镒黄金献给母亲,以尽孝心。母亲看到这些黄金,怒气冲冲地质问到:"这么多的金子是怎么弄到的?"田稷毫不介意地说:"您老人家多心了,这是我当官几年积攒下来的俸禄,不是不义之财。""不对!你为相三年,怎么可能积攒下这么多的俸禄?可见你居官不能清廉自守,真叫我失望,你这样做,对国家不是忠臣,对我不是孝子。赶紧回去,把你非法所得的财物上交给朝廷!"田稷听了母亲的训斥,十分愧悔,向母亲承认了收受贿赂的错误,先将那些金子退还给属吏,又主动到朝廷请罪。齐王很钦佩田母的高尚情操,不但当场宣布对田稷免予处罚,还重新任命田稷为相,并且派人给田母送去许多黄金以资奖励。

田母教子清白做人,不贪不义之财,是值得今天每一个人认真思考的。不义之财,千万不要去贪。财富对每个人来讲,是很重要,但要靠自己努力去挣,才是正途。

在工作中,清白坦荡就是公是公、私是私,做到公私分明。即便是一纸一笔,不是自己的,也不能动贪念。有些人随意取用公家的东西,甚至带回家中,这虽然不是什么大问题,但是这点儿小事足以反射出做人的品格。也许有人想不通,拿单位一本稿纸、一支圆珠笔没有什么大不了的,这些东西公司有的是,拿几个用用也损害不到单位利益。有这种想法的人没有认识到,即使是一个很小的东西,很不值钱的东西,只要不是自己的,就不能占为己有。虽然只是一张纸或一支笔,它却足以说明你的职业操守的好与坏。有些人不乏能力,但在职场中的败北往往归咎于职业操守上。

张先生在公司是个能人,刚工作两年就被上司提拔,坐到了副总经理的位置上。一次,公司派他出差到下属公司去,张先生很是高兴。平常工作一向很忙，很少有机会出去。这次出差也是个难得的机会，他是代表总公司了解下属公司的业务经营情况，责任很是重大，他也异常重视。得知张先生要来，当地的下属公司早就做好了充足的准备来迎接这位"钦差大臣"。张先生一到，对方便以尽地主之谊为名拉着他在所到城市逛了个遍，然后才去了要视察的实际地点，而且文件资料也已一应俱全。张先生走马观花地履行了所有程序，公务便宣告结束。紧接着对方便将他接到五星级酒店用餐，各种生猛海鲜、飞禽走兽尽皆收入口中。晚上，他便下榻于此了。就这样连着几天，这位"钦差大臣"过得美满滋润，下属公司也是极尽奢华之举。

转眼间，公差已毕。下属公司为表"孝心"给了张先生一大堆礼物及土特产让他带回去。他也不客气，推辞一下便尽收囊中。"拿人家手短，吃人家嘴软。"张先生回到公司后，在出差报告中对下属公司的表现是极尽善言。公司是依据他的报告来评估并进行下一步的战略计划的。但张先生在报告中夸大其词，水分颇多，公司的计划在当地根本行不通。老板大怒，经过调查，发现张先生在出差期间不仅没有认真工作，而且还收受"贿赂"，数额万元。张先生甚是迷惑，自己仅是拿了些礼品和土特产，哪里收受现金万元？原来下属公司见张先生要捅篓子，便落井下石，倒打一耙。这样，他面红耳赤，有口难辩，最终在公司里待不下去，自己辞职回家了。

张先生贪图小便宜，最终毁了自己。这样的例子在现实生活中并不少见。一个人不管有多大才能，如果有占单位小便宜的恶习，前途必然受到影响。虽然你已经很努力工作，并具有非常好的业绩，但是这些芝麻绿豆的小事足以影响领导及同事对你的好感，将成为你的一大障碍，甚至可能连前途都断送了。

5.

人无德不立,业无德不兴

　　中华民族历来有崇德重德、尚德倡德的传统,常言道"人无德不立,国无德不兴",强调的就是道德对于个人修身立业和国家长治久安的重要作用。在世界上所有的国家,道德都是非常被看重的。道德与操守就是每一个公民都必须遵守的人生准则。

　　2007年12月10日零时,湖北省宜昌市长阳县境内的椰坪专用公路发生岩崩。所幸的是,这一意外并没有造成什么重大损失,而这一切都要归功于一对普通的夫妇。

　　方玉明夫妻俩经营的加水站位于岩崩山体右侧,距离事发地点仅50米远。这天,方玉明正在自己新建才两天的简易加水站向丈夫黄胜波学习如何加水。这时,一辆运送活鱼的大货车在站前戛然停了下来。刚刚走到运鱼车旁,方玉明便听到加水站旁的山体发出怪异的声响。"不好!恐怕山要塌了!"她脑中闪出这一念头的同时,正看到一辆客车向加水站疾驰而来。没有丝毫的犹豫,方玉明丢下水管便向公路中间奔去,边跑边向客车司机挥动手臂。

　　司机显然看到了方玉明的挥手,放慢了速度,但他可能误以为方玉明是让他停车加水,经过加水站时仍没有停车,而是继续向前开去。方玉明急了,和丈夫一道拼命追赶客车,并大声向司机呼喊:"山要塌了,快停下!"客车终于停下了,看到方玉明夫妇,司机感到莫名其妙。

就在此时，岩崩在 10 米之外发生了！岩石在巨大的轰鸣声中坍塌下来，瞬间覆盖了数十米长的路面。巨大的气浪夹杂着碎石、粉尘，张牙舞爪地向客车和方玉明夫妇扑来。其中滚落下的一块重约数十吨的大石，距离客车车头仅有 10 米左右。以当时客车的车速来看，倘若再迟停两秒钟，那么车上所有人都将被这块大石压成肉泥！

又一辆大客车开了过来！来不及害怕，来不及思考，方玉明又转身冲向路中，迎面拦下了第二辆大客车。客车一个急停，此时的方玉明根本没有听到客车尖锐的刹车声，因为更大的一次岩崩已经来临！

刚刚发生岩崩的山体再次崩塌了。山石势不可挡地倾泻而下，在震耳欲聋的吼声中，灰白色的气浪将单薄瘦小的方玉明夫妇几乎掀倒在地，大量碎石滚落身旁，石屑击打在他们全身，刺骨般疼痛。气浪过后，第一辆大客的司机及方玉明夫妇如同石灰雕塑般，呆立在公路中央。

气浪沉寂后是死一般的寂静。方玉明拦下的第一辆卧铺客车由恩施开往武汉，车上载有 43 名乘客；拦下的第二辆卧铺客车则是由重庆开县发往上海，载有 37 人，其中有 4 名儿童，最大的 3 岁，最小的才 1 岁。

时间过去了很久，目瞪口呆的人们终于反应了过来。一时间，哭喊声、尖叫声响成一片，乘客们纷纷从车门处蜂拥而出。第一辆客车司机也是浑身颤抖不已，慢慢转身望着方玉明夫妻二人，一句感谢的话也说不出来；第二辆大客车驾驶员呆坐在空空如也的客车驾驶室内，半天没有动弹。而方玉明和黄胜波也直到这时才感觉到害怕，双手开始哆嗦起来……

"平凡中显示人性的伟大，质朴中彰显英雄的光辉。"方玉明浓缩在瞬间的壮举，猛然间惊醒了世人：人无德不立。做人，一定要有道德。方玉明，一个普通的中国女性，在关键时刻能够不顾个人安危，主动冒险拦下两辆客车，及时挽救了八十条性命。事后，面对各方的奖励，家境贫寒的方玉明依然多次婉拒，这也再次彰显了人性的伟大。方玉明以自己的行为告诉人们：只要多做善事，做个有德之人，就是对自己最大的回报。

一个人的言行，往往表现出个人素质的高低，进而影响整个集体的总体素质。只有遵守社会公德的人，才会为人们所尊重。那些违反社会公德的人，将为人们所不齿。因此，不论你从事哪行哪业，都必须培养自己的职业道德。医生有医德，因而有"医乃仁术，仁爱救人"的言论，强调"德为医之本，仁乃德之源"；教师有师德，"以身立教"，"传道、授业、解惑"；商人有商德，"诚实守信，买卖公平"。对于员工来说，道德是员工进入职场需要培养的最重要的一种"能力"，是职场做人的第一准则，也是员工的立业之本。

> 2012年5月29日早7点10分，吴斌驾驶着浙A19115大客车从杭州出发，开往无锡，10点10分顺利抵达。休息了1个小时后，11点10分，吴斌从无锡站再次出发，准备返回杭州，可这次，吴斌没能平安返回。11时40分左右，车辆行驶至锡宜高速公路宜兴方向阳山路段时（江苏境内），突然一铁块（后确认为制动毂残片）从空中飞落击碎车辆前挡风玻璃再砸向吴斌的腹部和手臂，导致吴斌肝脏破裂及肋骨多处骨折，肺、肠挫伤。在危急关头，他强忍剧烈的疼痛将车辆缓缓停下，拉上手刹、开启双闪灯，以一名职业驾驶员的高度敬业精神，完成一系列完整的安全停车措施。之后，他又以惊人的毅力，从驾驶室艰难地站起来告知车上旅客注意安全，然后打开车门，安全疏散旅客。当做完这些以后，耗尽了最后一丝力气的他，瘫坐在座位上。吴斌，他没有把最宝贵的第一时间留给自己拨叫120，而是留给了车上的24名旅客。他仍强忍疼痛将车停稳，并提醒车内24名乘客安全疏散及报警。后被送往中国人民解放军无锡101医院抢救。2012年6月1日凌晨3点45分，吴斌因伤势过重抢救无效死亡，年仅48岁。

良好的道德修养是一个人立身处世的根基，也是我们的立业之本。在这方面吴斌是我们学习的榜样。古往今来，无论世事变迁，以德立人，始终是我们民族古老的传统。欲立人，必先立德。良好的道德是人类立足于社会、国家鼎力于世界的根本。也正是因为这些拥有良好道德品质的人们，用他们基石般的身躯，铺就了中华民族前行的道路；用自己质朴的脊梁，托起了国家大厦的建设；用自己善良的品行，延续了中华民族的血脉。因此，只有具备良好的道德品质，人类才能不断进步，社会才能不断向前发展，职业才能永远长青。

第二章

以诚为本，做个诚实可靠的人

　　诚信是无言的，但它的力量却是巨大的。在一个人的一生当中，可以没有金钱，也可以没有荣誉，但绝不能没有诚信。"人，以诚为本，以信为天。"有了它，你才能和别人相处得更加融洽；有了它，你的生活才能更加滋润；有了它，你的人生才能更加丰富多彩。

1.

以信为本, 诚信待人

　　诚实守信是我们中华民族的优良传统, 是做人做事的最基本的行为标准。"诚信者, 天下之结也", 这是中国古人从帝王到百姓都信奉的处世之本。孔子曾经说过"民无信不立"、"与朋友交, 言而有信", 就是强调人们必须把守信用作为人生的重要信条。人这一生, 可以没有金钱而过得清贫, 可以没有美丽而普通, 可以没有荣誉和权利而平凡, 但人不可以没有诚信。

　　著名的大企业家张浩曾经讲过一个关于自己的故事: 在他还是一家小电器商行的推销员的时候, 他的业绩非常糟糕, 很长时间内甚至没有业绩。但他并不灰心, 他坚信他是世界上最好的销售员。他就这样鼓励着自己坚持做下去。

　　后来, 在他不懈地努力下, 他终于推销出去了公司的商品, 并且和许多客户建立了友谊。可是不久后, 他发现自己的商品比别家的贵, 而且质量上也比不上其他商家的东西。他感到极度不安, 生怕自己的客户知道后, 和他断绝交易。他思考了很久后, 决定去挨个拜访自己的客户, 把情况和他们坦白, 以求获得他们的谅解。

　　他的这种行为深深地打动了他的客户, 他们不但没有断绝和他的交易, 还向他预约了很多新产品。

　　这个故事说明了什么呢? 是什么打动了张浩的顾客呢? 毋庸置疑,

是诚信让张浩获得了成功。世界上任何大企业的老总几乎都说过相同的一句话，那就是为人处世首先要讲求诚信，以诚待人才会赢得别人的信任。事实也确实如此，离开了诚信，我们所做的一切其实都是无根之花，无本之木。

诚信是人的一种基本品质，是为人处世的基本原则。是取信于人的良策，是处世立身、成就事业的基石。从这种意义上说，诚信就是财富。甚至有人说，诚信比钱、比一切东西都要有价值，诚信是无价之宝。只有坚持诚信原则的人，才能赢得良好的声誉。别人也才愿意与其建立长期稳定的交往，他才能获得成功。

1917 年 4 月 6 日，奥斯曼·艾哈迈德·奥斯曼出生在埃及伊斯梅利亚城的一个贫苦家庭。他幼年丧父，因受舅父影响，幼年时即想当一名建筑承包商。1940 年，奥斯曼大学毕业，身无分文，却想实现多年来的梦想——当承包商。为了筹集资金学习承包业务，他先到他舅父那儿当帮手。他在工作中，注意积累工作经验，常常到施工现场了解提高功效、节省材料的方法。1942 年，奥斯曼离开舅父，开始实现他的承包商之梦。

奥斯曼根据在其舅父承包行的工作经验，确立了"谋事以诚，平等相待，以信誉为重"的经营原则。他第一项目是设计一个小店的铺面，合同金只有 3 埃镑，但他煞费苦心，毫不马虎，设计出来的铺面令店主十分满意。正是靠"诚"，他的承包公司在 50 年代初已获纯利 5.4 万元。

20 世纪 50 年代后，海湾地区大量发现和开发石油，各王室相继加快国内建设步伐，精明的奥斯曼很快把眼光投向海湾地区，在沙特阿拉伯承包工程。他以低价投标、高质量、讲信誉的标准来完成承包合同，并注意吸取西方国家公司的先进经验。这样，奥斯曼公司的工程质量很令沙特王室满意，影响不断扩大。几年后，奥斯曼公司在科威特、约旦、苏丹、利比亚等阿拉伯国家建立了分公司，奥斯曼成为中东地区著名的大建筑承包商。

奥斯曼更是以"诚"、"信"的原则树立自己公司在国内的信誉。1960 年，奥斯曼公司承包了世界上著名的阿斯旺高坝工程。气温高、设备陈旧、地质构造复杂给建筑带来了重重困难。为了按期完成任务、保证工程质量，奥斯曼组织大批工人和技术人员，严格培训。同时，他大胆引进西方先进的机械设备，代替陈旧的苏联设备。他还注意充分调动工人和技术人员的生产积极性。通过种种努力，奥斯曼公司完成了苏联人认为不可思议的阿斯旺高坝项目第一期高坝合垅工程，为高坝的最终建成立下了汗马功劳。阿斯旺高坝工程不仅反映了奥斯曼公司的信誉，而且反映了埃及人民的智慧。

奥斯曼公司正是由于重信誉、讲质量，此后还参与了埃及许多大工程的单独承包，公司影响进一步扩大。到1981年，奥斯曼公司的资本已达40亿元，奥斯曼本人成为驰名中东地区的大实业家，他终于实现了自己多年来的夙愿。

诚信是一种人生态度，一种做人最高的精神境界。奥斯曼以"诚信"为本，不论是在国内还是国外，始终坚持这一原则，因而成为亿万富翁。一个人只有诚信做人，别人才能接纳你，信任你，帮助你。当你以诚信作为自己的做人准则时，你实际上就是在积累自己的财富。为什么这么说呢？因为诚信虽不是财富，但它可带来更多的财富，拥有它，便拥有了财富。

所以，我们一定树立诚实守信的观念。我们应该使诚信贯穿在自己的所有行为中，用诚信要求自己，让诚信成为自己的习惯。当这种习惯形成的时候，也就是人格魅力增加的时候，也是我们无形资产增加的时候。

2.

言必信，行必果

守信，是中华民族的传统美德之一。自古以来，中国人都十分注重讲信用，守信义。清代顾炎武曾赋诗言志："生来一诺比黄金，哪肯风尘负此心。"表达了自己坚守信用的处世态度和高尚品格。为人处世，信守诺言是非常重要的。那些受欢迎的人，常具有各种不同的特点，其中最显著的特点便是具有遵守诺言的美德。一个真正聪明的人，不轻易答应别人，不轻易承诺别人，这是一种智慧。但是，承诺别人的事，就算再苦再难也要做到，这就是一种高尚的品德。

东汉时，汝南郡的张劭和山阳郡的范式同在京城洛阳读书，学业结束，他们分别的时候，张劭站在路口，望着天空的大雁说："今日一别，不知何年才能见面……"说着，流下泪来。范式拉着张劭的手，劝解道："兄弟，不要伤悲。两年后的秋天，我一定去你家拜望老人，同你聚会。"

两年后的秋天，落叶萧萧，篱菊怒放。张劭突然听见天空一声雁叫，牵动了情思，不由自言自语地说："他快来了。"说完赶紧回到屋里，对母亲说："妈妈，刚才我听见天空雁叫，范式快来了，我们准备准备吧！""傻孩子，山阳郡离这里一千多里路，范式怎会来呢？"他妈妈不相信，摇头叹息："一千多里路啊！"张劭说："范式为人正直、诚恳、极守信用，不会不来。"老妈妈只好说："好，好，他会来，我去备点酒。"其实，老人并不相信，只是怕儿子伤心，宽慰宽慰儿子而已。

　　约定的日期到了,范式果然风尘仆仆地赶来了。旧友重逢,亲热异常。老妈妈激动地站在一旁直抹眼泪,感叹地说:"天下真有这么讲信用的朋友",

　　范式重信守诺的故事一直为后人传为佳话。这个故事告诉我们,如果承诺了,就要信守自己的承诺。许诺以后就一定要履行承诺而不能失信于人,这关系到一个人的信用。承诺就是一种责任。如果你不想承担这份责任,或者说没有能力承担这份责任,那么就不要轻易地承诺。承诺是庄重的、严肃的,故此对别人许诺了,就要去实现诺言,不要再找任何借口推托。

　　著名作家巴尔扎克说过这样一句话:"如果你要想成为一个有出息的人,那就把诺言视为第二宗教,遵守诺言与保卫荣誉一样重要。"一个信守承诺的人,是一个有人格魅力的人;而一个视承诺为儿戏的人,自然不会得到别人的信赖。生活中,有些人在生活或工作上经常不负责,许下各种承诺,而不能兑现承诺,结果给别人留下恶劣的印象。比如:你今天答应一个朋友要一起吃顿饭,可是临时有事你去不了了。比如:你跟一个曾经的同事打电话说明天去看望人家,可是最后因为一些原因你没去。再比如你答应要帮别人办某件事,到最后那个人一直等不到你的消息等等。试想一下,那些相信承诺的人在傻傻地等承诺的实现,可是那些许下承诺的人却早已忘记了自己的承诺,或者是身不由己无法实现承诺。不管怎么说,当承诺无法实现时,这对于那些等待承诺实现的人都是一次不愉快的经历。因为他们的希望破灭了。如果你不轻易地承诺别人,别人就不会心存希望,更不会毫无价值地等待,自然不会失望。相反,你轻易地许下承诺,无疑在别人心里播种下希望,而你无法兑现承诺,让别人的希望落空,别人能不生气吗?如此一来,你的形象就会大跌,别人也就不会再相信你了,也不再愿意与你共事,不愿再与你打交道。那么,你只能孤军奋战。所以,如果承诺某件事情,你必须办到,哪怕是付出巨大代价。信守承诺,才能获得别人的信任。

　　"信义兄弟"孙水林和孙东林冒风迎雪、接力给农民工送薪的义举在中华大地上传扬,他们因此当选为"2010年度感动中国十大人物"。虽然哥哥孙水林不在了，弟弟孙东林却毫不犹豫地接过"信义"旗帜，用社会各界的捐赠设立了帮扶基金，倾情帮助困难农民工，并成立湖北信义兄弟建筑工程股份制有限公司，将讲信用、重诚信的信义精神继续发扬光大。

1989年，武汉市黄陂区的农民孙东林与孙水林弟兄一同组建起建筑队伍，开始在北京、河南等地承接建筑工程和装饰工程。孙东林一直坚持以诚信为本，始终守信如金。20多年来，无论遇到什么状况，孙东林从未拖欠过工人的工资。有时，工程款不能及时拿到，他四处借钱，也要坚持将工资按时发放。他说："诚信，是为人之道，也是立足之本。"建筑工人的流动性很大，但在孙东林带领的工程队中，许多工人从1989年开始便一直跟随他参与建筑施工，具有10多年工龄的农民工占了半数以上。工人们说："跟着他，我们放心。"2010年2月9日，在天津承包建筑工程施工的孙水林，为抢在春节前赶回武汉黄陂给先期返乡的农民工发放工资，不顾路途遥远、天气恶劣，连夜赶路千里送薪，不料在2月10日凌晨突遭车祸，一家五口不幸罹难。

得知噩耗，弟弟孙东林悲痛不已。为了替哥哥完成遗愿，他带上哥哥车上的26万元钱，返乡代兄为农民工发放工资。由于工资清单已不知去向，孙东林毅然决定：根据农民工报出的钱数，报多少给多少。就这样，在除夕夜的前一天，孙东林将33.6万元工资，全部发放到了农民工手中。兄弟二人生死接力送薪，谱写出了一曲诚信颂歌，人称"信义兄弟"。"结完全部工钱的那一刻，我才完全放松下来，我觉得可以告慰哥哥的在天之灵了。"孙东林说。

"信义兄弟"的故事让人感动。人生最重要的资本是信用。信用是彼此之间的约定，尽管它无体无形，却比任何法律条文更具震撼力和约束力。一个没有信用的人，要想跻身成功者的行列，几乎是不可能的。因为没有人会愿意和一个没有信用的人打交道。而那些叱咤风云的成功人士，都将"信用"看得无比重要。

3.

巧诈不如拙诚

　　诚实是做人的基本准则,是人生的亮点。做一个诚实的人很不容易,有时会吃大亏,但是,诚实却能得到别人的承认和认可,得到别人的尊敬和赞扬。相反,满嘴谎言的人必定会遭到人们的谴责和耻笑。生活中,人们总是希望与诚实的人打交道,而不愿意与说谎话的人合作,因为与诚实相反的行为就是欺骗,欺骗是一种很危险的行为,将会导致信用的破产。所以,发扬诚实的品质,是成功的重要保证。

　　曾有一个名叫谢福慕的人,为人不够诚实。他在某单位上班,初到那里时,他担心自己会受"外来户"的待遇。于是在一次聚会时,他给大家讲了一个故事。"大家可能都以为我叫谢福慕,其实,我本不姓谢,而是姓解。在我三岁那年,我们沧县,对,是沧县,我本来是沧县人,我们沧县发了大水、巨大的洪水吞没了村庄,吞没了房屋,还有我可怜的爹娘……"

　　说到这里谢福慕声音凄切,眼睛里竟也挤出几滴泪来,众人听了又惊又同情,他看看大家接着说:"我娘怕我淹死,把我裹好放在一个大木盆里。我便随着大水四处漂流,后来被承德的我现在的父母救起,他们把我养大,给我起了名字'谢福慕',实为'谢谢浮木'之意。到我长大后,才知道我亲生父母并未过世,他们曾四处找过,登了启事,并与我的养父母取得了联系。实际上,我也应跟沧县人是老乡呢!"

　　这一番话激起了大家的同情心,特别是沧县的老乡更是纷纷关心他，真正把他当作老乡看待。他的日子顺心如意，他暗喜自己这一绝妙的欺骗。但是，好景不长，后来人们都知道了他的话不过是信口捏造的。顿时，大家对他格外小心。无论他说什么，大家都认真考虑一番，不敢确定是真是假。时间一长，他便难以在单位里干下去，只好调换了单位。

"人无信不立。"诚信，是我们的做人之本，它与狡诈、欺骗、虚伪是天生的冤家对头。这个人终落得自己做了夹板自己戴，而这一切又都是他的骗术毁了他自己。因此说做人应以诚信为本。诚实是成功的保证。不少人都相信欺骗、说谎是一种有利的勾当。他们以为欺骗的手段是很值得使用的。然而，说谎其实是一桩很累人的事。一位哲人说得好："一旦撒了一次谎，就需要有很好的记忆全力把它记住。"这累不累？撒了谎，就要设法"圆谎"，而谎话总是漏洞百出的。为了圆一个小谎，就要说一个更大的谎。谎言就是这样把撒谎者一步步逼上了不归之路。其实很多骗子就是这样从小骗变为大骗、巨骗的，最终落得个触犯法律、身败名裂的下场。

美国加州数码影像有限公司需要招聘一名技术工程师，有一个叫史密斯的年轻人去面试，他在一间空旷的会议室里忐忑不安地等待着，不一会儿，有一个相貌平平、衣着朴素的老者进来了，史密斯站了起来。那位老者盯着史密斯看了半天，眼睛一眨也不眨。正在史密斯不知所措的时候，这位老人一把抓住史密斯的手说："我可找到你了，太感谢你了！上次要不是你，我可能再也看不到我的女儿了。""对不起，我不明白你的意思。"史密斯一脸迷惑地说道。

"上次，在中央公园，就是你，就是你把我失足落水的女儿从湖里救上来的！"老人肯定地说道。史密斯明白了事情的原委，原来老人把自己当成他女儿的救命恩人了。"先生，你肯定认错了！不是我救了你的女儿！"史密斯诚恳地说道。"是你，就是你，不会错的！"老人又一次肯定地说。史密斯面对这个对他感激不已的老人只能作些无谓的解释："先生，真的不是我！你说的那个公园我至今还没有去过呢！"听了这句话,老人松开了手,失望地望着史密斯说:"难道我认错了?"史密斯安慰老人说:"先生,别着急,慢慢找,一定可以找到救你女儿的恩人的！"

后来,史密斯接到了录取通知书。有一天,他又遇到了那个老人。史密斯关切地与他打招呼,并询问道:"你女儿的救命恩人找到了吗?""没有,我一直没有找到他！"老人默默地走开了。

史密斯心里很沉重,对旁边的一位司机师傅说起了这件事。不料那司机哈哈大笑:"他可怜吗? 他是我们公司的总裁,他女儿落水的故事讲了好多遍了,事实上他根本就没有女儿！"

"噢?"史密斯大惑不解。那位司机接着说:"我们总裁就是通过这件事来选拔人才的。他说过有德之人才是可塑之才！"

史密斯兢兢业业地工作,不久就脱颖而出,成为公司市场开发部总经理,一年为公司赢得了 3500 万美元的利润。当总裁退休的时候,史密斯继承了总裁的位置,成为美国的财富巨人,家喻户晓。后来,他谈到自己的成功经验说:"一个一辈子做有德之才的人,绝对会赢得别人永久的信任！"

世间变幻莫测,唯有诚信可立一生！ 这就是作为一个成功人士或希望成为一个成功人士应该具备的优秀品质。诚信不仅是社会中每个人所应遵从的最基本的道德规范,而且也是处理好人与人之间关系的准则。诚信待人才能感动他人,而说话不算数,处处欺骗别人,就算是在家门口也寸步难行。

为人处世首先要讲求诚实,以诚待人才会赢得别人的信任,没有这一点,一切都是无稽之谈。一位伟人曾经说过:"世界上最聪明的商人是最诚实的人,因为只有诚实的人才经受得起历史和事实的考验。"但是,在现实生活中,诚实的人却屡屡遭受欺负和讹诈,诚实被看做是"木讷"的代名词,甚至给诚实的人戴上了"老实无用"的头衔。但是,生活不会辜负真诚的人,终究会给予他们丰厚的回报。我们应该坚信,诚实是最受欢迎的品德,是赢得尊重的法宝之一。

4.

真诚待人，才能赢得信赖

　　真诚是为人的根本。那些取得巨大成功的人都有许多共同的特点，其中之一就是为人真诚。自古以来，真诚就是一种永恒的人性之美。不管是什么时候，也不管是在什么情况下，真诚都能让你赢得他人的信任和回报。

　　人与人的感情交流具有互动性。一个人如果想与人成为知心朋友，首先得敞开自己的胸怀。要讲真话、实话，切忌遮遮掩掩、吞吞吐吐、令人怀疑，要以你的真诚去换取别人的真诚。请记住：只有真诚对待对方，才能赢得对方的信赖。

　　美国心理学家安德森曾经做过一个试验，他制定了一张表，列出550个描写人的品性的形容词，让大学生们指出他们所喜欢的品质。

　　试验结果表明，大学生们评价最高的性格品质不是别的，正是"真诚"。在八个评价最高的形容词中，竟有六个（真诚的、诚实的、忠实的、真实的、信得过的和可靠的）与真诚有关，而评价最低的品质是说谎、装假和不老实。

　　安德森的这个研究结果具有现实意义。在交往中，人们总是喜欢诚恳可靠的人，而痛恨和提防口是心非、虚伪阴险的人。真诚无私的品质能使一个外表毫无魅力的人增添许多内在吸引力。人格魅力的基本点就是真诚。待人心眼实一点，守信一点，能更多地获得他人的信赖、理解，能得到更多的支持、帮助和合

31

作，从而获得更多的成功机遇，最后脱颖而出，点亮人生。

以诚待人，能够在人与人之间架起一座信任的心灵之桥，通往对方心灵彼岸，从而消除猜疑、戒备心理，把你作为知心朋友。我们在工作中应充满真诚，离开了真诚，则无友谊可言。一个真诚的心声，才能唤起一大群真诚人的共鸣。

　　有一个孩子跑到山上，无意间对着山谷喊了一声："喂……"声音刚落，从四面八方传来了阵阵"喂……"的回声。大山答应了。孩子很惊讶，又喊了一声："你是谁?"大山也回音："你是谁?"孩子喊："为什么不告诉我?"大山也说："为什么不告诉我?"
　　孩子忍不住生气了，喊道："我恨你。"他这一喊可不得了，只听见整个世界传来的声音都是"我恨你，我恨你……"
　　孩子哭着跑回家告诉了妈妈。妈妈对孩子说："孩子，你回去对大山喊'我爱你'，试试看结果会怎样，好吗?"
　　孩子又跑到山上。果然，这次孩子被包围在了"我——爱——你，我——爱——你……"的回声之中。孩子笑了，群山笑了。

有时候，我们总是在抱怨别人对自己的态度太冷漠，不给自己好脸色看，却不知道对方是自己一面最好的镜子，你对对方笑，对方就会对你笑；你骂对方，对方就会骂你……想让别人爱你，对你好，你就得先去爱别人，先对别人好。当然，在生活中要做一个真诚的人不容易，因为它来不得半点虚假和功利，需要实实在在地付出、奉献。一个处处为别人着想，绝不为个人利益放弃诚实的人，人人都会真诚接纳他，愿意和他交往。

　　老李是一位乡镇企业家。一次，他向一家业务单位追讨欠款。由于对方资金紧张，致使他来到这里已经好长时间了，却连一分钱也没有要回来。
　　老李很着急，尽管天天都坐到办公室里"死缠烂打"，可是人家采取"柔和"战术，任你磨破嘴皮，说破了天，人家还是笑脸相迎。老李实在没有办法，像这样的人，他讨债以来还是第一次碰上。真是即使你有千条妙计，人家都有化解主意。老李无奈，只得继续干等下去。

这天，老李一大早又来到了对方的办公室。现在，他除了采用这种办法之外，一时间再也想不出别的高招。不久，电话铃声突然响了起来，办公室主任小张拿起话筒，就听里边传出着急的声音："喂，是办公室吗？请找一下赵厂长！""赵厂长开会去了。""哎呀，这下可糟了！""喂，你是哪儿？有什么急事吗？""我是医院的，你们赵厂长的儿子刚才在路上被汽车给撞伤了，正在医院抢救，现在急需输血。可是，我们医院里没有适合他的RH阴性血血浆，我们也询问了血站，血站现在也没有这种血，想请你们工厂帮忙解决血源。"小张立刻跑到工厂卫生所。可是他很快就失望了，厂卫生所翻遍了所有的职工档案，全厂职工中，没有一个是RH阴性血。小张回到办公室，不知怎么办才好。这时，老李站起身来说："不用着急，我就是RH阴性血。你们赶快把我送到医院去吧。"小张一听，高兴地抓住老李的手说："真的？真是谢天谢地，这太好了！"赵厂长听到儿子出了交通事故的消息后，立即赶到医院。他跑进急救室，见医生正在给孩子输血。这时，办公室主任小张把老李为孩子输血的事告诉了赵厂长。赵厂长听了，握住老李的手激动不已，说："老李！是你救了我儿子的命，这可叫我怎么报答你啊！"老李说："没什么，不管是谁的孩子，我都不能见死不救。"赵厂长用力握着他的手，说："老李，我真是了解你这个人了，够朋友！"第二天，老李在旅店里刚吃完早饭，就见办公室主任小张走了进来，他微笑着对老李说："老李，赵厂长让你去，我们欠你们的那笔款，今天全部还给你们。""张主任，你说的是真的？"老李睁大了眼睛，真不敢相信自己的耳朵。小张说："老李，说实话，我们厂里现在资金确实非常困难。可是，通过昨天的事，我们大伙儿算服了你。我们现在就是再困难，那笔款子也要想办法还给你，不能让你为此白白浪费这么长时间啊。"就这样，在逆境中老李把握住了有利时机，以真诚感动了对方，终于将这一桩心事了却了。

如果我们用真诚对待身边的人,别人也会用真诚对待我们,那么我们将会赢得更多的东西。我们每个人会遇到各种各样的人,他们中有与自己合得来的,也有合不来的。虽然我们有权利选择和什么样的人来往,甚至可以尽量不和自己性格不合的人交往,但是,这绝不是一个明智的选择。因为无论在任何时候,我们都生活在一个集体之中,这就注定必须和这样那样的人相处,因此,我们只有积极主动地努力适应对方的性格特点,真诚地对待身边的每一个人,才能够建立良好的人际关系。别人是你自己最好的一面镜子。你怎样对待别人,别人就怎样对待你。你替别人着想,考虑别人的利益,别人也会替你着想,考虑你的利益。

5.

没有信用,必然要栽大跟头

车无轮不行,人无信不立,人与人之间的交往只有建立在诚信的基础上,才能维系得长久。一个人对长辈、对上级守信,是一种忠诚;对朋友、对同事守信是一种品德;对下属、对一面之交的人守信是一种人格。反过来,如果一个人因为贪图一时的快感或小便宜,而失信于人,看起来似乎是得到了那么一丁点儿的实惠,但这点小小的实惠毁了自己的声誉,让自己落下一个不守信的恶名。这个恶名一传十、十传百,人尽皆知、影响深远,为自己以后的人生路埋下一颗炸弹。

　　某商人过河船沉,他拼命呼救,渔人划船相救。商人许诺,你如救我,我付你100两金子。渔人把商人救到岸上后,商人只给了渔人80两金子,渔人谴责商人言而无信,商人反而斥责渔人太过贪婪,渔人无言而走。后来商人又乘船遇险,再次遇上渔人。渔人对旁人说:他就是那个言而无信的人。众渔人停船不救,商人被淹死在河中。

我们虽然不提倡见死不救,但可以看出商人的死和他不讲信用密切相关。轻易许下诺言而又失信的人也很多,他们成为人们嘲笑和谴责的对象,而失信的人也因此付出了很大的代价。没有了信用,人们再也不会相信你,没有了信用,社会也会抛弃你!一个没有信用的人,将会失去朋友,失去客户,失去工作,因为谁也不愿意与一个没有信用的人共事、打交道。

类似的故事还有一个:

有一个留学生利用课余时间为餐厅洗盘子以赚取学费。当地餐饮业有一个不成文的规定,餐厅的盘子必须用清水洗上六遍。洗盘子的工作是按照件数来计算的,所以他每次都少洗一遍,这样一来就大大地提高了效率,自然能多挣一些工钱。和他一起洗盘子的学生向他请教技巧,他大言不惭地说:"也没有什么技巧,就是少洗了一遍啊,洗了六遍的盘子和洗了五遍的盘子有什么区别吗?"这个学生听了以后,渐渐地与他疏远了。

在一次抽查中,老板用试纸抽查出了少洗一遍的盘子,老板问他为什么这么做的时候,留学生回答说:"洗五遍和洗六遍不是一样干净吗?"老板只是淡淡地说:"你是一个不诚实的人,你辜负了顾客对你的信任,践踏了顾客对你的忠诚,请你尽快离开吧!"

留学生又到其他餐厅去找洗盘子的工作。老板认真地看了他一小会儿,说:"我认出你来了,你就是那个洗五遍盘子的留学生吧,对不起,我们不需要你。"接下来的第二家和第三家餐厅,都是相同的情景。后来,他的房东也要求他退房,因为他的坏名声,对其他学生产生了影响。甚至他就读的学校也要求他离开,因为他影响了学校的生源。

最后,他无奈地搬到了另外一个城市,一切不得不重新开始。

　　一个人诚实有信，才能获得大家的认可，才能得到别人的尊重。一个人失去诚信，就失去了一切成功的机会。坚守一份诚信，无异于给自己一个可靠的护身符。在任何时候，都不能为了利益放弃诚信。那些常为了获得个人利益而放弃诚信的人，不会获得真正的成功。

　　英国一位有钱的绅士，一天深夜他走在回家的路上，被一个蓬头垢面衣衫褴褛的小男孩儿拦住了。"先生，请您买一包火柴吧。"小男孩儿说道。"我不买。"绅士回答说。说着绅士躲开男孩儿继续走。"先生，请您买一包吧，我今天还什么东西也没有吃呢。"小男孩儿追上来说。绅士看到躲不开男孩儿，便说："可是我没有零钱呀。""先生，你先拿上火柴，我去给你换零钱。"说完男孩儿拿着绅士给的一个英镑快步跑走了，绅士等了很久，男孩儿仍然没有回来，绅士无奈地回家了。

　　第二天，绅士正在自己的办公室工作，仆人说来了一个男孩儿要求面见绅士。于是男孩儿被叫了进来。这个男孩儿比卖火柴的男孩儿矮了一些，穿得更破烂。"先生，对不起，我的哥哥让我给您把零钱送来了。""你的哥哥呢？"绅士道。"我的哥哥在换完零钱回来找你的路上，被马车撞成了重伤，在家躺着呢！"小男孩儿说。绅士深深地被小男孩儿的诚信感动。"走！我们去看你的哥哥！"去了男孩儿的家一看，只有两个男孩儿的继母在照顾受到重伤的男孩儿。一见到绅士，男孩连忙说："对不起，我没有给您按时把零钱送回去，失信了！"绅士却被男孩儿的诚信深深打动了。当他了解到两个男孩儿的亲生父母都双亡时，毅然决定把他们生活所需要的一切费用都承担起来。

　　如果一个人在为人处世中能够做到一诺千金，言出必行，那么，他一定会成为一个让人信赖的人。小男孩因为自己的诚信，而让全家人的生活得到了资助。我们有理由相信，在小男孩长大后，他也一样能成为成功的人。生活中，每当你想要买家电、手机、衣服、食品等消费品的时候，你的大脑中一定会先蹦出几个知名品牌，这就是你要消费时的首选品牌。

为什么会这样呢？因为你根据自己的经验和经历认定这些品牌是值得信赖的。其实，做人也是一样，如果一个人是大家都很信任和推崇的，那么这样的人就是想不成功都是很难的。

第三章

心胸开阔，做个宽容豁达的人

　　世界上最宽阔的是海洋；比海洋更宽阔的是天空；比天空更宽阔的是人的心胸。做人心胸有多宽，人生的道路就有多宽。有一颗宽广豁达的心，才能不为时局所限，创造出自己的广阔天地。把心放宽，坦坦荡荡，才能勇者无畏，走向自己的光明大道。

1.

成就大业者需要大度量

　　"大肚能容,容天下难容之事;开口便笑,笑天下可笑之人"。凡有弥勒佛的寺庙里,我们经常可以见到这副对联。这副对联,是讲度量的,人能达到能容天下万事万物的度量,其思想便是进入"禅"的高层境界了。

　　大度量是对他人长处、短处和过错的一种宽容。以宽容的心态去对待他人,方能赢得他人更多的好感,进而与他人和睦相处,使自己的事业一帆风顺,生活幸福美满。

　　林肯是公认的美国历史上最伟大的总统之一,他一生的成功是和他的虚怀若谷、心存宽容分不开的。传说在当选总统之前,林肯曾到参议院做演讲。在演讲开始前,有一位参议员羞辱他:"尊敬的林肯先生,希望在你演说前不要忘记自己的父亲是个鞋匠。"当时参议院的议员都在场,许多支持他的人都替他担心,有些人则喜形于色,因为他们是反对者。

　　面对对方的挑衅,林肯没有愤怒,也没有进行激烈的反击,反而很客气地说:"非常感谢您惦记我已经去世了的父亲,我很爱他,因为他培养了一个伟大的儿子。然而又对不起他,因为我做总统无法像他做鞋那样手艺精湛。"林肯的发言引起了人们的注意。善于把握演讲时机的林肯趁机说道:"我的父亲为很多人做过鞋子,恐怕也包括你的家人。"说着,他的手指向那个挑衅者。"我从小就跟随父亲学习做鞋子,当你的鞋子穿着不舒服时,如果你不介意,我可以帮你修改一下,虽然我不像父亲的手艺那么好。"说到这里，那个挑衅者感觉无地自容，躲进了人群中。

"如果你们大家有谁穿着我父亲所做的鞋子，我丝毫不介意帮你们加以修理或改善。不过有一点需要强调，我父亲的手艺是无与伦比的。"讲到这里，林肯结束了演讲，人群中再也没有嘲笑之声，所有的声音都汇集在一起，变成雷鸣般的掌声。

事后，有朋友对林肯化敌为友的做法表示不解，认为对待敌人就应该打击，毫不留情地加以消灭。林肯告诉朋友："把敌人变成朋友，难道就不是在消灭敌人吗？把你的反对者变成支持者，你做事不是更加容易吗？"林肯善于宽容他人，并发出友善的声音，竞选时不少原先反对他的人都反过来投他的支持票。最后，林肯成功当选总统。

心胸宽广意味着自信、自强，意味着凝聚力的增强，意味着能化干戈为玉帛。林肯对人的宽容之心是他在政坛获得成功，并在此后获得崇高地位的重要原因之一。至今在林肯纪念堂的墙壁上，仍刻着这样的话："对任何人不怀恶意；对一切人宽大仁爱。"对人宽容，展现的是一种心胸宽广的容人之量。能够宽容他人的过失，对万事都能坦然处之，那么，自己的生活也将变得十分惬意。

统一企业的董事长高清愿说："待人处事，要包容大度。"这个道理人尽皆知，可是这也是最典型知易行难的事，有人就开玩笑地说："眼睛都容不下一粒沙，更何况是他人对自己的辱骂与毁谤。"他认为，要能成就一番大事业，就必须要有肚量与气度，所谓江海不择细流，故能成其大，泰山不择土壤，故能成其高。他举了多年前自己的一个例子来说明。多年前，他在台南帮一位大老的请托下，基于道义与情义，投资了一项自己全然陌生的事业，接手时，这个事业已摇摇欲坠，再加上市场开放竞争，前景极为黯淡。面对这个必败的局面，他们苦撑多时，亏损连连，最后在兼顾了情理法的情况下，决定退出。

但是事情并不如想象的那样容易解决，这家公司部分的高级员工，以他们退出为由，把问题泛政治化，来凸显劳资对立的问题。这段期间，有很多不实的言论都落在高清愿董事长的身上，加上许多莫须有的罪名，皆极尽诋毁之能事，对个人造成不小的伤害，很多朋友都替他抱不平。之后，这家公司几番易主，他也逐渐淡忘此事，后来，有朋友告知有一家企业负责人希望能来统一公司就通路销售一事与他商议。

进一步打听之后，才知道这家企业竟然就是当初接手的那家公司，负责人虽已更换，但是当初诽谤他甚烈的一些员工，仍位居高位，在这种情形下，他还是决定和这些人会面，并愿意协助他们进行产品的销售。不久之后，又设宴款待他们，结果，宾主尽欢。

有些熟悉内情的朋友，都认为这样做不值得也无此必要。但是，高董事长的想法是，在成人的世界要化敌为友不是一件容易的事，如果他仅是顺势帮忙，再诚心请别人吃饭、谈谈心，即能因此化解误会，何乐而不为呢？

高董事长说，他也是一个凡人，遇到无理或无礼的事，也会生气，不过这些气，常与忘性连在一起，事情过了，也就忘了，每回生气，很少过夜，隔天，就抛在脑后了。其实，我们也都只是一些平凡的人，也都有自己的脾气与原则，遇到不平之事或者遭遇别人恶意的毁谤，也会气愤难平。也曾经被落井下石、恶意伤害过，那些伤害在当时的确留下难以抚平的伤痕，但是随着时间的流逝，也能坦然面对那些落在身上的痛楚，并且学会用另一种宽容的心去面对，觉得自己并没有损失，反而因此获益。与其在心中还留着怨恨，倒不如把心胸放宽，让自己有更多的包容力来面对人生，迎接未来。

大凡有成就的人，无不具备宽容的度量。没有度量的人，是干不出什么事业，成不了什么气候的。当今世界，充满竞争。人与人之间有竞争，企业与企业之间也有竞争，国家与国家之间更有竞争。竞争是残酷的，而当今这个时代却奉行适者生存的原则——淘汰即失败。谁都想胜利，这个时候，也只有充分发挥各自的学、才、识、德、体、量了。事情到了这份上，量就显得至关重要了。无论在胸襟或合作方面，都应拥有"大度量"。只有那样才会有机会、有能力去竞争。

2.

海纳百川，有容乃大

林则徐有一句名言："海纳百川，有容乃大。"生活中，宽容可以产生奇迹，可以减少不必要的损失。当你宽容别人的时候，你就不会因为自己和别人站在敌对的位置上而倍感孤独。一个会做人的人，一个善于做事的人，往往是一个胸襟开阔的人，不与对方斤斤计较，容许别人犯错误。懂得包容别人的人，才能为自己找到一片天地。

一位住在山中茅屋修行的禅师，有一天趁夜色到林中散步，在皎洁的月光下，他突然开悟了。他走回住处，眼见到自己的茅屋遭小偷光顾，找不到任何财物的小偷要离开的时候在门口遇见了禅师。原来，禅师怕惊动小偷，一直站在门口等待，他知道小偷一定找不到任何值钱的东西，早就把自己的外衣脱掉拿在手上。

小偷遇见禅师，正感到惊愕的时候，禅师说："你走老远的山路来探望我，总不能让你空手而回呀！夜凉了，你带着这件衣服走吧！"说着，就把衣服披在小偷身上，小偷不知所措，低着头溜走了。禅师看着小偷的背影穿过明亮的月光，消失在山林之中，不禁感慨地说："可怜的人呀！但愿我能送一轮明月给他。"禅师目送小偷走了以后，回到茅屋赤身打坐，他看着窗外的明月，进入空境。

第二天，他在阳光温暖的抚触下，从极深的禅室里睁开眼晴,看到他披在小偷身上的外衣被整齐地叠好,放在门口。禅师非常高兴,喃喃地说:"我终于送了他一轮明月!"

事实上,在人的一生中,难免会犯错误,误入泥潭,甚至做出一些不可挽回的错误,但是只要他的本质没有改变,作为一个有正常思维能力的人,就应该接纳他,原谅他。当一个人不小心犯了错误之后,他的内心深处总是渴望得到别人的宽恕和原谅,因为宽恕能让对方的心理得到安慰,得到自我的认可,不再为曾经的一些失误而整天坐立不安。

法国大作家雨果说过:"世界上最宽阔的东西是海洋,比海洋更宽阔的是天空,比天空更宽阔的是人的胸怀。"所以,在生活中我们遇到不顺不能斤斤计较,退一步海阔天空,要学会宽容。

　　一位名叫卡尔的卖砖商人,由于另一位对手的竞争而陷入困难之中。对方在他的经销区域内定期走访建筑师与承包商,告诉他们:卡尔的公司不可靠,他的砖块不好,其生意也面临即将歇业的境地。

　　卡尔对别人解释说,他并不认为对手会严重伤害到他的生意。但是这件麻烦事使他心中生出无名之火,真想"用一块砖来敲碎那人肥胖的脑袋作为发泄"。

　　"有一个星期天的早晨,"卡尔说,"牧师讲道的主题是:要施恩给那些故意跟你为难的人。我把每一个字都吸收下来。就在上个星期五,我的竞争者使我失去了一份25万块砖的订单。但是,牧师却教我们要以德报怨,化敌为友,而且他举了很多例子来证明他的理论。当天下午,我在安排下周日程表时,发现住在弗吉尼亚州的我的一位顾客,正因为盖一间办公大楼而需要一批砖,而所指定的砖的型号却不是我们公司制造供应的,但与我竞争对手出售的产品很类似。同时,我也确定那位满嘴胡言的竞争者完全不知道有这笔生意。"

　　这使卡尔感到为难,是需要遵从牧师的忠告,告诉给对手这项生意,还是按自己的意思去做,让对方永远也得不到这笔生意?

那么到底该怎样做呢？

卡尔的内心挣扎了一段时间，牧师的忠告一直铭记在他心里。最后，也许是因为很想证实牧师是错的，他拿起电话拨到竞争对手家里。

接电话的正是那个对手本人，当时他拿着电话，难堪得一句话也说不出来。但卡尔还是礼貌地直接告诉他有关弗吉尼亚州的那笔生意。结果，那个对手很是感激卡尔。

卡尔说："我得到了惊人的结果，他不但停止散布有关我的谎言，而且甚至还把他无法处理的一些生意转给我做。"

卡尔的心里也比以前感到好多了，他与对手之间的阴霾也获得了澄清。

宽容是一种处世哲学，宽容也是人的一种较高的思想境界。学会宽容别人，也就懂得了宽容自己。宽容是福。生活在相互宽容的环境中，是人生的幸福，会使你忘却烦恼，忘却痛苦。享受宽容的幸福，就应该学会宽容。宽容他人对你的嘲笑，宽容朋友对你的误解，宽容领导对你的错怪。宽容一切你该宽容的，你会觉得你的心海宽阔得可以容纳山川大海，你会觉得你变得越来越豁达。

3.

得饶人处且饶人

得饶人处且饶人是一种宽容，一种博大的胸怀。为人处世，当以宽大为怀。在待人接物时，不能对他人要求过于苛刻。应学会宽容、谅解别人的缺点和过失。要做到这一点，就要有气量，不能心胸狭窄，而应宽宏大度。特别是在小事上，如果宽大为怀，尽量表现得"糊涂"一些，便容易使人感到你通达世事人情。在现实生活中,我们若能宽待身边的每一个人,那么处处都会变得和睦融洽,我们所生活的世界也因此会成为人间净土。

宽容意味着理解和通融,是融合人际关系的催化剂,是友谊之桥的紧固剂。每个人都生活在人群中,有人的地方自然会有矛盾,有了分歧不和怎么办?很多人就喜欢争吵,非论个是非曲直不可。其实,这种做法很不明智。吵架既伤和气又伤感情,不值。不如大事化小,小事化了。人际交往中切不可太认死理,得饶人处且饶人,装装糊涂对人对己都有利。只有明白了这个道理的人,才会在纷繁复杂的社会人际关系中从容淡定、轻松自在的生活。

钟裕经人介绍认识了小娜,两人一见钟情,没过多久双双坠入了爱河,热恋一个阶段后,小娜得陇望蜀,很快和一个花花公子走到了一起,因为对方会说很多甜言蜜语,再加上家境也远远地超过了钟裕,于是小娜便提出了分手。钟裕这个时候正沉浸在爱情的甜蜜和幸福之中,得知这个消息后,非常痛苦。但是钟裕是个十分理性的人,很快他就从痛苦中走了出来,把全部的精力都倾注到了工作当中。没过多久,小娜找到钟裕,痛哭流涕地要求恢复关系。原来,小娜和那位花花公子相处了一段时间之后,发现那人品行不端,于是果断地和对方断绝了关系。想起过去和钟裕相处的幸福,小娜追悔莫及。经再三考虑之后,小娜向钟裕说明了一切,并且希望得到钟裕的谅解。

钟裕有些犹豫不决,当时他身边不少的朋友都劝他不要和小娜这种女孩子再交往,说什么这种见利忘义的人根本不值得爱,什么好马不吃回头草。可是钟裕是一个重感情的人,他想起了过去和小娜交往的那段日子,小娜身上的诸多优点他还是很欣赏的,再加上小娜痛哭流涕的悔过,说明对方已经认识到犯下的错误。这种时候,小娜是渴望别人的理解和原谅的。

经过一番深思熟虑之后,钟裕最终还是原谅了小娜。重新接纳了她,两人很快就结婚了。事实证明,小娜非常贤惠,让钟裕的朋友羡慕不已。

　　每个人都不是完美的，都有这样那样的缺陷和不足，所以人人都会犯错。但是，如果对他人所犯的错误进行过于苛刻的追究，只会使人与人之间的距离越来越远。如果你在切肤之痛后，采取别人难以想象的态度，宽容对方，表现出别人难以达到的襟怀，你的形象瞬时就会高大起来，你的宽宏大量、光明磊落就会使你的精神达到一个新的境界。因此，要学会得饶人处且饶人。

　　日常生活中、工作中，人与人之间的摩擦几乎不可避免，相互之间诽谤诬蔑也时有发生，面对别人的不理解甚至是恶意中伤，你要如何处置？是犯而不校还是反唇相讥？这体现了做人的境界，也决定了一个人在人际关系中所处的地位。在这个世界上，有许多不幸的事都是由于人们之间缺乏包容心而引发的。宽容是为人处世的良方，面对与自己不同思想、不同信仰、不同性别、不同种族的人，皆应以宽容之心处之，才能获得不同的人际和谐。

　　　　有个年轻人，毕业之后分到县城一所高中当老师。他有一位嗜酒如命的同事，经常在醉酒之后惹是生非，所以很多人都对这个人退避三舍。只有这位年轻人从来不拒绝和这个人一起喝酒，并且尽力限制他酒后一切不合理行为，还会把他安全送回家中。在这个年轻人的圈子里，有个性格非常暴躁还时常恶语伤人的朋友。在朋友相聚时，也许某人无意中说一句无关紧要的话，便会惹得他大发雷霆，甚至当场发作。这样一个炸弹人，谁也不愿意离他太近，只有这位老师还依然同他保持着良好的友谊。很多人对这年轻人的宽容之心非常不理解，甚至有人说："能和那种人交朋友，估计他自己也不怎么样。"但是当这些人和这个年轻人真正接触过以后，又都觉得这个人非常值得交往。有些心直口快的人就对年轻人说："你还是离那些人远点为好，他们都不是什么容易相处的人。"这个年轻人笑了笑说："他们确实有许多缺点，不过我觉得都不是什么不可接受的毛病，只要宽容一些，他们也会慢慢改过来的。"

　　　　因为年轻人的宽容，他身边的朋友越来越多。每当社会上有什么新机会，大家都会给他推荐。每当他个人有什么重大举动,这些朋友都会积极支持。有钱的出钱,有力的出力,有智谋的出谋划策。这个年轻人也最终成为一个功成名就的人。

宽容让你获得心灵的宁静,锱铢必较的人往往不能获得,而是失去更多。面对别人的错误,有些人一味地指责、发难、刁难,其结果就是不欢而散。但是有的人却选择了宽容对方、谅解对方,结果自然是皆大欢喜。所以,宽容能让你得到友谊。爱和宽容是获得友情的基本原则。对于人际关系中的是是非非,我们应该多一些容人之量,少一些小肚鸡肠。

4.

拿得起,放得下

我们常说一个人要拿得起,放得下。而在付诸行动时,"拿得起"容易,"放得下"难。所谓"放得下",是指心理状态,就是遇到"千斤重担压心头"时能把心理上的重压卸掉,使之轻松自如。据说,禅宗五祖将衣钵传给自己的弟子,弟子有一日出师远行,五祖对弟子非常满意,于是送行到江边并欲亲自驾船渡弟子过江。弟子双掌合十:"老师已经度我,不必再渡。"然后飘然离去,始称为六祖。简单这一句话,六祖的境界已经在五祖之上。这就是拿得起放得下。生活并不是一帆风顺的,很多时候我们需要学会放手,放手不代表对生活的失职,它也是人生中的契机。然而学会放手要比学会紧握更难得,因为那需要更多的勇气。

一个青年背着个大包裹千里迢迢跑来找无际大师,他说:"大师,我是那样地孤独、痛苦和寂寞,长期的跋涉使我疲倦到极点;我的鞋子破了,荆棘割破双脚;手也受伤了,流血不止;嗓子因为长久的呼喊而喑哑……为什么我还不能找到心中的阳光?"

大师问："你的大包裹里装的什么？"青年说："它对我可重要了。里面装的是我每一次跌倒时的痛苦，每一次受伤后的哭泣，每一次孤寂时的烦恼……靠着它，我才能走到您这儿来。"

于是，无际大师带青年来到河边，他们坐船过了河。上岸后，大师说："你扛了船赶路吧！""什么，扛了船赶路？"青年很惊讶，"它那么沉，我扛得动吗？""是的，孩子，你扛不动它。"大师微微一笑，说："过河时，船是有用的。但过了河，我们就要放下船赶路，否则，它会变成我们的包袱。痛苦、孤独、寂寞、灾难、眼泪，这些对人生都是有用的，它能使生命得到升华，但须臾不忘，就成了人生的包袱。放下它吧！孩子，生命不能太负重。"

青年放下包袱，继续赶路，他发觉自己的步子轻松而愉悦，比以前快得多。

原来，生命是可以不必如此沉重的。能够放弃是一种跨越，学会适当放弃，你就具备了成功者的素质。古语说："宠辱不惊，看庭前花开花落；去留无意，望天上云卷云舒。"这句话就道出了"放得下"的快乐，而作为现代人，我们为何不像他们一样，学会"放得下"来给自己增加点心理弹性，你就会在生活中少一份烦恼，多一份快乐。

有一个叫秦裕的奥运会柔道金牌得主，在连续获得203场胜利之后却突然宣布退役，而那时他才28岁，因此引起很多人的猜测，以为他出了什么问题。其实不然，秦裕是明智的，因为他感觉到自己运动的巅峰状态已是明日黄花，而以往那种求胜的意志也迅速落潮，这才主动宣布退役，去当了教练。应该说，秦裕的选择虽然若有所失，甚至有些无奈，然而，从长远来看，却也是一种如释重负、坦然平和的选择，比起那种硬充好汉者来说，他是英雄，因为他毕竟是消失于人生最高处的亮点上，给世人留下的毕竟是一个微笑。

有"体操王子"美誉的李宁，退出体坛后选择了办实业的道路，不也取得了令人称羡的成功吗？如同一切时髦的东西都会过时一样，一切的荣耀或巅峰状态也都会被抛到身后或烟消云散的。因此,做一个明智的人,既然"拿得起"那颇有分量的光环,也同样应当"放得下"它,从而使自己步入柳暗花明的新天地,作出另一种有意义的选择。这样,我们又有什么惆怅或遗憾的呢?

在我们的现实生活中,也需要有一种放得下的清醒。其实,在物欲横流的今天,摆在每个人面前的诱惑实在太多,这就需要保持清醒的头脑,勇于放得下。如果抓住想要的东西不放,甚至贪得无厌,就会带来无尽的压力、痛苦不安,甚至毁灭自己。

人生是复杂的,有时又很简单,甚至简单到只有取得和放得下。应该取得的完全可以理直气壮,不该取得的则当毅然放得下。取得往往容易心地坦然,而放得下需要巨大的勇气。若想驾驭好生命之舟,每个人都面临着一个永恒的课题——拿得起,放得下。

5.

知足者常乐

知足者才能常乐。人有了贪欲,就永远不会满足。不满足,就会感到欠缺,高兴不起来。老子在《道德经》中说:"祸莫大于不知足。"讲的是知足常乐的道理。许多人不可谓不聪明,但却由于不知足,贪心过重,为外物所役使,终日奔波于名利场中,每日抑郁沉闷,不知人生之乐。

有这样一个寓言故事:有个人得到了一张藏宝图,图上指出在密林深处有足以让所有人心动的宝藏。这个人立刻准备好了一切旅行用具,甚至不忘带上四个大口袋来装那些"即将到手"的宝物。

一切就绪后,他进入那片密林,一路上披荆斩棘、跋山涉水。

他先找到了第一份宝藏，当看到那些金子的时候，他被眼前的金光灿烂震撼到了。他马上掏出袋子，把看到的所有金币都装进了口袋。等他离开这个地方的时候，看见门上写着一行字："知足常乐，适可而止。"

"知足常乐"的警示并没有让这个人警醒，他想：没有一个人能看着这么多金子无动于衷的？于是，他没留下一枚金币，扛着大袋子来到了第二个宝藏处，里面储藏的是堆积如山的金条。这个人依旧把所有的金条放进了袋子，当他拿起最后一根时，上面刻着："贪心让人步入深渊。"但是一心想发财的他，完全忽视了这个警告，迫不及待地走向了第三个藏宝的地方。

第三个藏宝的地方有一块磐石般大小的钻石。这个人的眼睛马上就亮了，他贪婪地拿起钻石，放入了袋子。等拿到钻石之后，他发现这块钻石下面有一扇小门。他心想：这个门的下面一定有非常多的财宝。于是，他一点也没有犹豫，就打开门跳了下去。谁知，下面并不是金银财宝，而是一片流沙。这个人在流沙中越陷越深，最终与金币、金条和钻石一起埋葬在流沙下了。

人生是否快乐，关键看你是否知足。俗话说欲壑难填，人的欲望是无止境的，一种欲望满足了还会有更多的欲望滋生，若欲望太多太高，则永远得不到满足和快乐。如果这个人在看了警示后懂得适可而止，能在跳下去之前多想一想，那么他就会平安地返回，成为一个真正的富翁。

不知足的可怕之处，不仅在于摧毁有形的东西，而且能搅乱你的内心世界。你的自尊，你的原则，都可能在贪心面前垮掉。

周大新先生的短篇小说《无疾而终》述说了一个平常而简单的故事，然而这篇故事表达了作者对知足常乐的深刻理解：

瞎爷的左眼瞎在他九岁那年。一场高烧之后，瞎爷忽然向他爹娘报告：我的左眼看不见了！两位老人一惊，忙过来用手在他左眼前晃，那只左眼果然像坏了的钟摆一样一动不动。他爹娘顿时就抹开了眼泪：一个独养儿子，瞎了只眼可咋着办！未料爹娘哭得正伤心时，他慢腾腾开了腔，说："爹、娘，哭啥？应该笑才对！这场病不是才弄坏了我一只眼？总比两只眼都弄坏了要好吧？我比世上那些双眼全瞎的人不是要强多了吗？"这番话先是把两位老人惊住，后想想也在理，遂止住了眼泪。

家境不好，爹娘无力供他读书，只好让他去私塾里旁听。爹娘很伤心，瞎爷劝说：我如今也已识了些字，我总比那些一天书没念、一个字不识的孩子强吧？

瞎爷娶了个豁嘴的媳妇。爹娘觉得对不住儿子，瞎爷劝爹娘说：能娶到这样一个媳妇就不错了，和世上那么多光棍汉比比，咱还不是好到了天上？好歹咱还会有个后代，那些光棍汉死了连个扛扬魂幡的也没有。

媳妇勤快，可不温柔、驯顺，把婆婆气得心口作疼。儿子劝说："娘，你这个儿媳妇是有些不大称你的心，可你想想，天底下比她还差的媳妇多得是。你的儿媳妇不是还挺勤快、不骂人吗？"

瞎爷的孩子全是闺女，媳妇觉得对不起他，瞎爷劝说："这有啥愧？我觉得你还是个挺有能耐的女人哩！世上有好多结了婚的女人，压根就不会生孩子，甭说五个女儿，她们连一个女儿也生不出来。咱们有这五个女儿，她们长大了就会有五个女婿，日后待咱们老了，逢年过节时五个女儿五个女婿一齐提了酒拎了肉回来，多热闹！"

家境贫寒，妻子实在熬不下去，便生抱怨。瞎爷说："你只跟那些住三进大院家有万贯顿顿喝酒吃肉的人家比，你越比就越觉得咱这日子没法过，可你只要看看那些拖儿带女四处讨饭的人家，白日饥一顿饱一顿，夜里就睡在别人的房檐底下，弄不好还会遭狗咬上一口，你就会觉着咱这日子还真是不孬。咱虽没馍吃，可总还有稀饭喝；咱虽买不起新衣服，可总还有旧衣裳穿；咱这房子虽然漏雨，可总还住在屋里边。和讨饭的人们比比，咱这日子还算在天堂里……"

瞎爷老了，想在生前把棺材做好，尔后安安心心地走。可做的棺材属于最薄最不气派的一种。豁嘴奶愧疚得很，瞎爷劝说："这棺材比起富豪大家们的上等柏木棺是差些，可比起那些穷得根本买不起棺材，尸体用草席卷的人，不是要好得很吗？"

　　瞎爷活到 72 岁，无疾而终。临死前，瞎爷对嘤嘤哭泣的老伴说："哭啥？我已经活了 72 了，比起那些活 80 或 90 岁的人，我不算高寿，可比起那些活 40 或 50 就死的人，我不是好多了吗？"

　　瞎爷死时面孔安详，两个眼角还有笑容留着……

　　瞎爷的生活态度，简单地说就是知足常乐。这"无疾而终"便是知足常乐的最好报答。瞎爷的人生观是一种乐天知足的人生观，一种永远不和那些境况比自己强的人攀比，并以此排除烦恼，找到快乐的人生哲学！人的不知足，往往由比较而来。同样，人要知足，也可以由比较得到。人的欲望如同黑洞一样，没有填满的时候，任由其膨胀，则会由此生出许多烦恼。如果能多看一下不如自己的人，和他们比一下，而不是一味地和比自己强的人比较，那么一切不平之心也许就会安宁。

第四章

藏锋敛芒，做个低调谦逊的人

低调谦逊是一种态度，一种品格，也是一种境界，更是做人的最佳姿态。学会低头，才能出头；懂得藏锋，才能安稳。所以，为人不可自傲，不可张狂，更不可锋芒毕露。低调谦虚，抱头藏尾，更有利于成功。

1.

为人不可光芒太盛

　　俗话说：地低成海，人低成王。深藏不露，低调做人不仅是一种境界、一种风范，更是一种思想、一种哲学。在职场上，一大忌讳就是过于表现，过分张扬自己。每当自己工作有成绩而受到上司表扬或者提升时，不少人往往会在上司没有宣布的情况下，就在办公室中飘飘然去四下招摇，或者故作神秘地对关系密切的同事倾诉，一旦消息传开来后，这些人肯定会招同事嫉妒、眼红心恨，从而引来不必要的麻烦。

　　王红是个精明能干的女子，年纪轻轻便受到老板的重用，每次开会，老板都会问问王红，对这个问题怎么看？王红的风头如此之劲，公司里资格比她老、职级比她高的员工多多少少有些看不下去。王红观念前卫，虽然结婚几年了，但打定主意不要孩子。这本来只是件私事，但却有好事者到老板那里吹风，说王红官欲太强，为了往上爬，连孩子都不生了。这个说法一时间传遍了整个公司，王红在一夜之间变成了"当官狂"。此后，王红发觉，同事看她的眼神都怪怪的，和她说话也尽量"短平快"，一道无形的屏障隔在了她和同事之间。王红很委屈，她并不是大家所想的那么功利呀，为什么大家看她都那么不屑？

　　在职场中锋芒太露，又不注意平衡周围人的心态，有这样的结果并不奇怪。王红并非是目中无人，只是做人做事一味高调，不善于适时隐藏自己的锋芒。《庄子》中有一句话叫"直木先伐，甘井先竭"。还有一句古话，叫"木秀于林，风必摧之"。树木长得比林中大多数的树都高了，劲风就会将其折断，锋芒太盛而被夭折，那就太不划算了。

隋唐著名才子薛道衡，13岁时就能讲《左氏春秋传》，隋高祖时，做内史侍郎。大业五年，被召进京，当时已是自负才气的隋炀帝杨广在位，薛道衡为了显示自己文章水平，呈上了《高祖颂》，炀帝看了就很不高兴，说这只是文词漂亮而已。有一次，炀帝与下臣谈天，说自己才高八斗，傲视天下文士，御史大夫乘机说薛道衡自负才气，不听训示，有无君之心。于是炀帝便下令把薛绞死了。

看来，薛道衡由于不懂得深藏不露、明哲保身，得罪了不少人，不但有隋炀帝，也有那个进谗言的御史大夫，甚至可能还有其余的那些大臣，否则怎会没人替他求情于炀帝呢？因为锋芒太露而把人得罪光了，薛道衡算得上是一个典型。学会低调做人，是处世的一门基本学科，是为人的一种至高境界，是认真生活着和生活过的人的一种很好的体会、总结。"低调做人"被一切真正的成功人士奉为圣经。

一次，某公司的副经理因为成绩突出，在全公司的表彰大会上大出风头，引起了众人瞩目。相形之下，其老板却被冷落了。散会后，老板不无妒意地握着副经理的手笑问："祝贺你呀，感觉不错！"副经理很机敏地回答说："从没见过这么大的场面，还有那么多的领导，说实在的，讲话的时候我还真有些紧张，生怕什么地方说错了。要能像您每次在台上那么镇定自若就好了。您有什么秘诀呀？"此时，老板心中觉得好笑：堂堂副经理，上台讲几句话还这么紧张，看来还是没见过什么场面啊！想到这些，老板精神大为放松，态度明显地恢复了正常。

这位副经理不可谓不聪明，他抓住老板的心理，只几句话，就掩盖了自己的"锋芒"，化解了老板的嫉妒心理。在处世交往中，保持低姿态，会更加受宠。当今社会，变幻莫测，错综复杂。因此在漫长的人生跋涉中，不得不学会低头。但学会低头并不是妄自菲薄与自卑,学会低头意味的是谦虚、谨慎。所以,做人不要过分张扬,宁可收敛一下,也不可锋芒毕露;宁可随和一点,也不可自命清高。否则只能给工作带来障碍。

2.

莫让自大毁了自己

无论是我国的古代贤哲,还是外国的先知智者,总是在告诫后人:做人千万不可狂妄自大,要踏实、厚道、谦虚。只有踏实谦虚地做人做事,才会更加丰富自己,更加充实自己,收获自然也会更多。

"满招损,谦受益",这是再浅显不过的道理。然而有许多人总是在这个道理上犯错。只要有人的地方,他们就会优越感特强。他们总是不失时宜地张着大嘴卖弄自己的所谓本事,以至误事误人又误己。事实上,一个低调、谦虚、不骄不躁的人才是团队中真正受到欢迎的人,只有这样的人才会得到大家的信任和支持。

2002赛季的NBA刚开打不久,对新加盟火箭队的中国队员姚明嗤之以鼻的原NBA球星巴克利在TNT电视台的"NBA内部秀"节目上滔滔不绝,并口出狂言地说,如果姚明能够在本年度的任何一场常规赛上得到19分,他就会去"亲吻"同事——当年火箭队夺冠的功臣肯尼·史密斯的屁股。这句话经过若干次"误传"后,到姚明的耳朵时就成了"如果姚明得到19分,巴克利就会亲吻姚明的屁股"。姚明听了后就笑着说:"那好,我就拿18分算了。"

结果火箭队在客场挑战湖人队时,姚明攻下了20分,在为自己赢得尊重的同时,也把巴克利逼入了"绝境"。而肯尼·史密斯在得知姚明得了 20 分后欣喜若狂，表示一定要让巴克利履行诺言。巴克利要非常难堪地去应付他的"赌债"。不日，镜头聚焦、强光灯灯光闪耀，在周围发出的一阵狂笑声中，巴克利一脸难堪地蹲下身去，无奈地、痛苦地朝肯尼·史密斯的屁股啃去……

谦虚是一种美德，懂得谦虚的人往往能得到别人的友善和关照，从而为将来事业的成功打下良好基础。而妄自尊大自会自取其辱！妄自尊大意味着人只是在运用扭曲了的想象，这种充满谬误的想象伤害他人，同时也在无形之中伤害了自己。

王刚毕业于北京某名牌大学，现就职于一家策划公司，王刚的个人能力很强，是公司的得力干将，他主持策划的几套企业方案为公司带来了很大的社会效益，一些中小企业常常请他帮忙做些形象策划，并付给他丰厚的报酬。按常理来说，王刚的资历和能力早该升到部门主管了，可到如今他还是个一般职员，在他眼里，公司里的人都是一些无能之辈，张三李四成了他评说的对象，王五赵六也不是他的对手，就连公司的老总他也不放在眼里，整天一副洋洋得意、高高在上的样子。但由于他的工作能力强，公司领导也想提拔他，可一到考核时，同事们都说与他不好共事，并表示不愿到他所负责的部门做事。就这样，王刚成了"孤家寡人"，而老总们一谈到他，也总是无可奈何地摇头说："他就是恃才傲物，个性太强了。"

一个人只懂得如何做事是不够的，还要学会如何做人。人心都是很微妙的，对于一个四处炫耀自己的人，大家都会不由自主地产生排斥心理："他的那点成绩算什么呀！""没有我们的帮助，他能做到这一步吗？"各种抵制和不满的情绪就会扩散开来。而对于一个谦逊低调的员工，大家反而会经常记得他的成就。谦虚是每个人走好人生之旅的必备态度。只有谦虚，才会不断地要求上进，才会妥善地处理好自己与他人的关系，才会使别人器重你，才能达到你所要的目的。

　　自从电视连续剧《编辑部的故事》播出之后,剧中李冬宝的扮演者葛优便大红大紫,成为知名度很高的喜剧明星,各种片约接踵而至,影迷们称他为"葛大爷",评论界更冠以"丑星"的称号。

　　面对成绩和荣誉,葛优并没有沾沾自喜,也不想当"葛大爷"和丑星。

　　一次,葛优出席影片《上一当》的首映式,一位记者采访他:"正是因为好多女性看中了你的幽默和潇洒,才觉得你是够档次的爷儿们。现在市面上女同胞都亲切地叫你'葛大爷'。"葛优听罢忙说:"不敢,别这样称呼,让我折寿。虽然头上秃了点,还算个潇洒青年。再说,观众是上帝呀,咱不能把辈分颠倒了。若是'上帝'经常来电影院欢度时光,那我情愿喊他们'大爷'……我称不上'丑星',也不想当什么'明星'。那玩意儿晚上还有点亮,到白天就看不见了。"

　　葛优的回答极其幽默,又极其谦虚。葛优对自己的才能有充分的自信,但在公开的场合仍然非常谦虚,无哗众取宠之意,为自己赢得了良好的形象。一位哲学家说过这样一句话:自夸是明智者所避免的,却是愚蠢者所追求的。真正的明智者之所以不会自吹自擂,因为他知道宇宙广大、学海无涯、技艺无穷,终其一生,也不能洞悉其中的全部奥秘。而一切平庸之辈,满足于一知半解,满足于点滴成绩,他们用富丽堂皇的话装饰自己,以讨得廉价的喝彩。

　　人若是狂妄自大,那么他评判事物的标尺就会失衡,就不能再正确地看待自己,并且最容易走进自己的怪圈。因为你被自己头上的那层光环迷住了双眼,有些眼花缭乱,有些飘飘然,头重脚轻,摇摇晃晃,如同醉汉。伴随着岁月无声地流逝,你自以为已经走了很远的路,有一天当你突然醒来一看,才知道自己还停留在当初的出发点上。山上已是旌旗烂漫,你却仍然躺在山下的池塘边,顾影自怜。所以,狂妄和自大,是阻碍我们成功的障碍,切不可养成这样的恶习。而我们需要及时反省、自悟、改过,才能真正成就自己。

班克·海德是位资深演员,她演技精湛,为人谦虚谨慎。然而岁月不饶人,当年华逝去、青春不再时,海德的竞争对手也不断地增加。当然,海德兢兢业业,精益求精,因此,她依然是演艺界众所瞩目的航标,是新秀们竞相比较的对象。

一天,海德偶然听到与自己在百老汇同台演戏的一位年轻女演员极其傲慢地对众人说:"班克·海德实在没有什么了不起,我随时可以抢她的戏。"

海德听出来这是一个很有发展前途的年轻演员,但作为一个老演员,她知道,如果不改掉目空一切、自高自大的毛病,那么就不可能有所作为。她决定惩治一下这个年轻演员的狂妄。她从旁边走出来,既心平气和又针锋相对地说:"我的确没有什么了不起的,不过说句不够谦虚的话,我甚至不在台上也可以抢了你的戏。"这位年轻的女演员不以为然,针尖对麦芒地说:"您过于自信了吧。"

海德只是笑笑,说:"那我们就在今晚演出的时候试试看。"

当天晚上,大家都很兴奋,准备看两个优秀的演员如何飙戏。班克·海德和那年轻女演员同台演出。演出快结束的时候,班克·海德要先退场,留下那名女演员独自演出一段电话对话。

班克·海德在台上表演饮香槟的内容之后,把盛着酒的高脚杯放在桌边上,随即退下场。高脚酒杯有一半露在桌外,眼看就要跌下去了,观众担心、紧张,几乎都注视着那个随时都可能掉到舞台上的高脚杯。

那位年轻的女演员使出了浑身的解数,也无法把观众的注意力吸引过来,一度她甚至把自己的注意力也放到了高脚杯上,她希望它掉下来,那么以后自己就可以有所发挥。可是,杯子没有掉下来,她只好在观众心不在焉的状态下演完这场戏。不用说,观众紧张的心情,破坏了她本来可以大出风头的演出。

为什么高脚杯没从桌边掉下来呢?原来,老练的班克·海德退场前用透明胶布把高脚杯粘在了桌边上。

　　那位年轻的女演员倒也聪明,她立刻从此事中领悟到:自己过于狂妄自大,在演艺生涯中,自己需要学习的地方还多着呢。她主动找到了班克·海德,诚心诚意地承认了自己的错误。班克·海德很大度,不但原谅了她,还诚心诚意地教授她一些演艺技巧。

　　"花开能有几日红",切不可因为一时得意,就狂妄自大,迷失了自己。有的人读了几本书,就自以为才高八斗,无人可比;有的人学了几套拳脚,就自以为武功高强,到处称雄。这些狂妄的结局往往是以失败告终。

　　有才华的人是让人羡慕的,才华是你的终身财富。但把这才华用作傲人的资本就不能说是一件好事了,要深知人外有人,天外有天,恃才傲物如同炫耀一般终究遭人厌恶。狂妄往往是与无知和失败联系在一起的,人一狂妄往往就会招人反感,自然也很难得到上司的赏识和朋友的认可。这样的人又怎么会在事业上、生活中有长足的进步呢?

　　所以,不论你有多么优秀,多么出众,也不要自大狂妄。只有谦逊才能够保持不骄不躁的心态,这样才能在面对小摩擦和小成就时保持平和的心态,同时也是下一次成功的基础。作为一个谦虚低调的员工,应该把聚光灯打到自己的上司和所处的团队上,而不是让自己引人注目。他清楚地知道,没有别人的支持,他将什么也不是。

3.

懂得低头,才能出头

　　现实生活中,很多人都会碰到不尽如人意的事情,需要你暂时退却。这时候,你必须面对现实。要知道,敢于碰硬,不失为男人的一种壮举。可是,胳膊拧不过大腿。硬要拿着鸡蛋去碰石头,只能是无谓的牺牲。这个时候，就需要用另一种方法来迎接生活。这就是适时低头。

富兰克林年轻时去拜访一位德高望重的老前辈，挺胸抬头迈着大步，一进门，他的头就狠狠地撞在了门框上，疼得他一边不住地用手揉搓，一边无奈地看着比他的身子矮一大截的门。前辈看到后，笑着说道："一个人要想平安无事地活在世上，就必须时刻记住：该低头时就低头。"这次拜访让富兰克林受益终生，他曾经说："这一启发帮了我的大忙。"

一个人活在世上，就必须时刻记住低头。在一般人看来，向别人低头示弱会给人以懦弱和畏惧的感觉，可事实并非如此，有时候，适当地低头，是一种处世之道。一个人要想抬头，必须懂得先要低头。如果不懂得低头，就会撞得头破血流，甚至为此而失去性命。在人生道路中，很多人常常会因光彩的事物而迷失了方向，结果输掉了自己。在这种情况下，应该懂得用平和的心态，学会低头，想要成功的人就必须具备这种心智。在当今变幻莫测、错综复杂的社会中，我们不得不学会低头，可学会低头并不是妄自菲薄与自卑，学会低头意味着谦虚和谨慎。

隋朝的时候，隋炀帝十分残暴，各地农民起义风起云涌，隋朝的许多官员也纷纷倒戈，转向农民起义军。因此，隋炀帝的疑心很重，对朝中大臣，尤其是外藩重臣，更是易起疑心。唐国公李渊（即唐太祖）曾多次担任朝臣和地方官，所到之处，悉心结纳当地的英雄豪杰，多方树立恩德，因而声望很高，很多人都来归附。这样，大家都替他担心，怕遭到隋炀帝的猜忌。正在这时，隋炀帝下诏让李渊到他的行宫去晋见，李渊因病未能前往。隋炀帝很不高兴，多少有点猜疑之心。当时，李渊的外甥女王氏是隋炀帝的妃子，隋炀帝向她问起李渊未来朝见的原因，王氏回答说是因为病了，隋炀帝又问道："会死吗？"

王氏把这消息传给了李渊，李渊更加谨慎起来，他知道迟早为隋炀帝所不容，但过早起事又力量不足，只好隐忍等待。于是，他故意广纳贿赂，败坏自己的名声，故意沉湎于声色犬马之中，而且大肆张扬。隋炀帝听到这些，果然放松了对他的警惕。

后来，李渊成了唐朝的开国皇帝。

中国有一句著名的俗语，叫做"人在屋檐下，不得不低头"，意思是说人在权势、机会不如别人的时候，不能不低头退让，但对于这种情况，不同的人会采取不同的态度。有志进取者，将此当作磨炼自己的机会，借此取得休养生息的时间，以图将来东山再起，而绝不一味地消极乃至消沉；那些经不起困难和挫折的人，往往将此看作是事业的尽头，或是畏缩不前，不愿克服目前的障碍，只是一味地怨天尤人，听天由命。刚接触社会的一些人，通常个性张扬，率意而为，不会委曲求全，其结果只会处处碰壁。只有保持生命的低姿态，才能避开无谓的纷争、意外的伤害，才会更好地保全自己、发展自己、成就自己。

无论是在生活或是工作中，我们应该在该低头时就低头。低头是一种能力，它不是自卑，也不是怯弱，它是清醒中的嬗变。有时，稍微低一下头，或许我们的人生路会更加精彩，我们的能力也会有所长进。

4.

当让则让，退一步海阔天空

我们生活的现实社会日新月异、变化无穷，我们面临的竞争也越来越激烈，但我们切不可忘记也不要忽视"礼让"。人生之所以多烦恼，皆因遇事不肯让他人一步，其实，这是很愚蠢的做法。

曾有这样一件事：农历腊月，出门在外的人们都着急着往家赶，准备高高兴兴地过春节。在某地的一辆公交车上，乘务员白某不慎踩了乘客张霞的脚。这本是一桩无关紧要的小事情，但是张霞却非常生气，对这个乘务员说："你没长眼吗？"

乘务员白某这时如果能让一步，事情也许就结束了，但是他当时也动气了，就针锋相对地说："长了，没看见。"

当时坐在张霞旁边的是张霞的妹妹张燕，她见白某丝毫没有道歉的意思，张嘴便骂："你是不是瞎了？"白某见她骂自己，非常恼火，上去就打了张燕一拳。一时间，双方撕扯在一起了。在争斗中，张霞吃了亏，因为咽不下这口气，所以就打电话叫弟弟张永、张刚过来帮忙。白某见对方找来帮手，怕自己吃亏，就跑到一家理发店内。

张永、张刚、张燕等人穷追不舍，在理发店里与白某发生了斗殴，白某寡不敌众，他暴怒之下，拿出了一把随身携带的水果刀，将张永、张刚、张燕捅伤。张霞见状不妙，马上拨打120急救中心和报警电话，直到警察来了，一场风波才平息。

原本一件简简单单的小事，就因为双方的"气"不顺，最后演变成了一桩悲剧。由此可见忍让的重要性。忍让是一种修养。俗话说："忍一时风平浪静，退一步海阔天空。"或进或退，两种态度，两种结果。现实中，有时即使你不找人麻烦，麻烦也会撞上你，最好的策略就是学会忍让。

战国时，梁国与楚国交界，两国在边境上各设界亭，亭卒们也都在各自的地界里种了西瓜。梁亭的亭卒勤劳，锄草浇水，瓜秧长势极好，而楚亭的亭卒懒惰，对瓜事很少过问，瓜秧又瘦又弱，与对面瓜田的长势简直不能相比。楚人死要面子，在一个无月之夜，偷跑过去把梁亭的瓜秧全给扯断了。梁亭的人第二天发现后，气愤难平，报告县令宋就，说我们也过去把他们的瓜秧扯断好了。宋就听了以后，对梁亭的人说："楚亭的人这样做当然是很卑鄙的，可是，我们明明不愿他们扯断我们的瓜秧，那么为什么再反过去扯断人家的瓜秧？别人不对，我们再跟着学，那就太狭隘了。你们听我的话，从今天起，每天晚上去给他们的瓜秧浇水，让他们的瓜秧长得好，而且，你们这样做，一定不可以让他们知道。"梁亭的人听了宋就的话后觉得有道理，于是就照办了。楚亭的人发现自己的瓜秧长势一天好似一天,仔细观察,发现每天早上地都被人浇过了,而且是梁亭的人在黑夜里悄悄为他们浇的。楚国的边县县令听到亭卒们的报告后,感到非常惭愧又非常敬佩,于是把这事报告给了楚王。楚王听说后,也感于梁国人修睦边邻的诚心,特备重礼送梁王,既以示自责,也以表酬谢。结果这一对敌国成了友邻。

忍让是一种处世的策略,更是一种艺术。忍让,实际上是让时间,让事实来表白自己,这样做可以摆脱相互之间无原则的纠缠或者不必要的争吵。在现实生活之中,有多少的口角、争斗与矛盾是出于失于忍而造成的呢?诸如我踩你一脚,你回我一眼,而且出言不逊,接着双方就怒目相对,仿佛是不共戴天的仇敌;或是在排队时争相推抢,一有得失,便恶言恶语,甚至于当众出手……诸如此类的生活琐事,不胜枚举。其实这些小事,只要稍稍忍让一下,便会烟消云散,天地清明。这道理甚为简单。

不过,忍让是一种妥协,是一种策略,但并不是屈服和投降,它其实是一种非常务实、通权达变的智慧。

汉初名将韩信小的时候读过书,拜过武师,能文能武。后来家人死了,家道便开始走下坡路。读过书、练过武的韩信似乎并不开窍,因没有学到挣钱的本领,只好到别人家里去混饭吃,时间长了,大家都很讨厌他。

韩信非常穷,衣服也不整齐,但是他的身上却经常挂着一把宝剑。淮阴城里的一班少年看着很不顺眼,经常取笑他,他也不跟这些人计较。这些人认为韩信挺好欺负,就对他说:"韩信,你文不像文,武不像武,富不像富,穷不像穷,像个什么呀?我看你还是把那把宝剑摘下来吧。"这帮人中有一个屠夫的儿子,特别刻薄,当众对韩信说:"你老带着剑,好像有两下子,可是我知道你是个胆小鬼。你敢跟我拼一拼吗?你要是敢,就拿起剑来刺我;如果不敢,就从我的胯下钻过去。"

饿着肚子的韩信听了这话非常气愤,众目睽睽,他又走不脱,动刀子的话就要伤人。考虑再三,他只好忍气吞声地趴下来，从屠夫儿子的裤裆下面爬了过去。大伙儿见状全都乐了，觉得韩信实在是个胆小鬼，因此就给他起了一个"胯夫"的绰号。

人们哪里知道，韩信是个胸怀大志的人，他甘心忍受常人所不能忍受的耻辱。后来他率领千军万马逐鹿中原，所向披靡，战功赫赫，成为一代名将。他与部下谈起这件事时说："难道那时我没胆量杀他吗？只是杀了他，我的一生就完了。因为那时我能够忍耐，所以才有今天的地位和成就。"

韩信做对了。假如他当初争一时之气，一剑刺死羞辱他的人，按法律处置，则无异于以盖世将才之命抵偿无知狂徒之血。假如他当初图一时之快，与凌辱他的人斗殴拼搏，也无异于弃鸿鹄之志而与燕雀论争。韩信深明此理，宁愿忍辱负重，也不愿争一时之长短而毁弃自己远大的前程。这样的忍让，不是屈服，而是退让中另谋进取；不是逆来顺受、甘为人奴，而是委曲求全以图来日方长。

5.

进退有度，做人要能屈能伸

古人云：大丈夫能屈能伸。能屈，并不意味着卑屈和不顾人格，更不表明失去原则和自尊，而是一种艺术的处事方法和智慧的表现。

明代才子冯梦龙在《广笑府·尚气》篇中记载了这样一则故事：

从前，有父子二人，性格都非常刚直，生活中从来不对人低头，也不让人，且不后退半步。一天，家中来了客人，父亲命儿子去集贸市场买肉。儿子拿着钱在屠夫处买了几斤上好的肉，用绳子串着转身回家。来到城门时，迎面碰上一个人，双方都寸步不让,谁也不甘心避开。于是,面对面地挺立在那儿,相持了很长时间。

日已正中,家中还在等肉下锅待客饮酒,做父亲的不由得十分焦急起来,便出门去寻找买肉未归的儿子。刚到城门处,看见儿子还僵立在那儿,半点也没有让人的意思。父亲心下大喜:"这真是我的好儿子,性格这么刚直。"又大怒:"那是什么人,竟敢如此放肆?"他蹿步上前,大声说道:"好儿子,你先将肉送回去,陪客人吃饭,让为父的站在这儿与他对抗!"

话音刚落,父亲与儿子交换了一个位置,儿子回家去烹肉煮酒待客;父亲则站在那个人的对面,如怒目金刚般挺立不动。惹得众多的围观者大笑不止。

人生在世,无一点刚直之气是不行的,尤其是应该心有所主,拥有一些确定的做人的准则。这样,人们可勇气倍增,可与人抗争、与黑暗的东西抗衡,凸显出自我的个性和风貌。

但是,刚直并不是赌气,不是去追求无益的个人"胜利",就像冯梦龙先生笔下所叙述的这对刚直的父子,仅仅为了避让的小事,不管其他的事,这就由刚直走向了蛮干,久之会引起别人的厌恶,最终会在人生旅途中碰得头破血流。

古人说:"知行知止唯贤者,能屈能伸是丈夫。"在为人处世中能屈能伸体现出了一种气度、一种素质。所谓:"心字头上一把刀,遇孽忍祸自消。""忍得一时之气,免却百日之忧。"只有忍辱,才能负重;只有忍才能屈,只有屈才能伸。

屈不是屈服,而是智慧;伸不是强出头,而是展示。屈是人生之低谷,伸是人生之峰巅。有低谷,有峰巅,一起一伏,波浪行进,这才构成完满丰富的人生。因而,为了能达到最终的目的,暂时让步妥协,绝不是不求上进、甘吃闷亏,它是为了我们更好地前进,是为了赢得成功积累资本,让自己不断地走向强大。

有这样一个故事:在一个树林子里,狮子建议9只野狗与自己合作猎食。它们打了一整天的猎,一共逮了10只羚羊。狮子说："我们得去找个英明的人来给我们分配这顿美餐。"

那头狮子说完以后，其中有一只野狗就接过话说："一对一最公平。"

狮子在听过这话以后，非常生气，立即把它打昏在地。其他野狗看到这种情况以后都吓坏了，其中一只野狗鼓足勇气对狮子说："不！不！我的兄弟说错了，如果我们给您9只羚羊，那您和羚羊加起来就是10只，而我们加上一只羚羊也是10只，这样算起来我们就都是10只了。"

狮子听完这话以后心里非常满意，说道："你是怎么想出这个分配妙法的？"

然后那只野狗答道："当您冲向我的兄弟，把它打昏时，我就立刻增长了一点儿智慧。"

野狗之所以能分到一只羚羊就是肯吃眼前亏。它若不吃，换来的可能就是狮子的利爪。所以，在人与人交往中，如果碰到了这种对自己非常不利的形势时，千万不可以逞一时之勇，吃点眼前亏，也许并不是坏事。

假如韩信没有当年忍胯下之辱，哪有后来的齐王楚王？哪有后来的淮阴侯？同样的，勾践没有当年忍会稽之辱，忍入吴之辱，哪有后来的卧薪尝胆，兴越灭吴呢？所以，《周易·系辞》说："尺蠖之屈，以求信（伸）也；龙蛇之蛰，以存身也。"尺蠖的屈退是求得伸进；龙蛇的蛰伏为了保存自身。这才是处世哲学中强调能屈能伸的道理所在。

人生处世有两种境界：一是逆境，二是顺境。在逆境中，困难和压力逼迫身心，这时就应明白一个"屈"字，委曲求全，保存实力，以等待时机的降临。在顺境中，幸运和环境皆有利于我，这时就应明白一个"伸"字，乘风万里，扶摇直上，以顺势更上一层楼。

一位留美的计算机博士，毕业后在美国找工作，结果好多家公司都不录用他，思前想后，他决定收起所有证明，以一种"最低身份"去求职。不久，他被一家公司录用为程序输入员，这对他说简直是"高射炮打蚊子"，但他仍干得一丝不苟。不久，老板发现他能看出程序中的错误，非一般的程序输入员可比，这时他亮出学士证,老板给他换了个与大学毕业生对口的专业。

过了一段时间,老板发现他时常能提出许多独到的有价值的建议,远比一般的大学生要高明。这时,他又亮出了硕士证,于是老板又提升了他。再过一段时间,老板觉得他还是与别人不一样,就对他"质询",此时他才拿出博士证,老板对他的水平有了全面认识,毫不犹豫地重用了他。以退为进,由低到高,这是自我表现的一种艺术。

有时候,不刻意追求反而更容易得到,追求得太迫切、太执著反而只能白白增添烦恼。以柔克刚,以退为进,这种曲线的生存方式,有时比直线的方式更有成效。以退为进,是人生处世的最高哲理。人生追求的是圆满自在,如果人生只知前进不懂后退,那么他的世界就只有一半。而懂得"以退为进"的哲理,可以将我们的人生提升到拥有全面的世界。

春秋时期,越王勾践夫妇曾经被抓去做人质,去给夫差当奴役,从一国之君到为人仆役,多么大的耻辱。但勾践忍了、屈了。是甘心为奴吗? 当然不是,他是在为复国报仇。来到吴国后,他们住在山洞石屋里,夫差出去的时候,他就亲自为其牵马。有人骂他,也不还口,始终表现得很驯服。一次,吴王夫差病了,勾践在背地里让范蠡预测一下,知道这病没多久就可以痊愈了。于是勾践去探望夫差,并亲口尝了尝夫差的粪便,然后对夫差说:"大王的病再过不久就能好了。"夫差就问他为什么。勾践就顺口说道:"我曾跟人学过医道,只要尝一尝病人的粪便,就能知道病的轻重,刚才我尝大王的粪便味酸而稍有点苦,所以您的病再过不了多久就能好的,请大王放心!"果然,没过几天夫差的病就好了,夫差认为勾践比自己的儿子还孝敬,很受感动,然后就把勾践放回越国去了。

勾践回国以后,依然过着艰苦的生活。一是为了笼络大臣百姓,一是因为国力太弱,养精蓄锐,为报仇雪耻。他睡觉的时候连褥子都不铺,铺的是柴草,还在自己的房中吊了一个苦胆,每天尝一口,为的就是不能忘掉自己所受的一切痛苦。这样就使得吴王夫差放松了对勾践的戒心,勾践正好有时间恢复国力、厉兵秣马,终于可以一战了。两国在五湖决战,吴军残败,勾践率军灭了吴国,把夫差活捉了,两年后成为霸王。正所谓"苦心人,天不负,卧薪尝胆,三千越甲可吞吴"。

勾践所受之辱,所为之苦,可以说达到极致。但他熬了过来,不仅报了仇、雪了耻,还成了当时的霸王。正是"先当孙子后当爷",如果那个时候不屈,当"孙子"时就死了,还能成"爷"吗?

做人不能由着自己性子来,不能仅凭自己主观意志行事。明智者,在"退让"中求发展,绝不会拘泥于一朝。因此,一个人要懂得退让的道理。就像打拳时,退回一步,不是胆怯,而是为了下次出拳时更有力。诺贝尔也曾说过:"逆境不就是命运的试金石吗?"当我们面对逆境时,也就是人生中的小门,我们若要能屈能伸,得以让自己不受到伤害,而顺利地通过那扇门,谁能否认你是一块金子呢?所以要想让你的人生道路顺畅通达,要证明你是一块赤金,那你就要能屈能伸。

第五章

八面玲珑，做个广受欢迎的人

　　方是做人的脊梁，圆则是做人的锦囊。方为刚，圆为柔；方是原则，圆为机变；方是以不变应万变，而圆则是以万变应不变。别以为圆滑就是世故，老到就是阴险，恰恰是八面玲珑，才能左右逢源。所以，方圆做人，才是做人的大智慧，成功的大前提。

1.

不做职场独行侠

有些职场年轻人,工作上喜欢独来独往,标新立异,可心里又总觉得大家对他关心不够。从另一个角度说,他们自己也不愿意和同事们打交道,似乎他们是以"独行侠"为傲。但"宁做鸡头,不做凤尾"的时代已经过去了。我们必须抛弃匹马闯天下的过时做法。现代的职场已经不再相信独行侠。工作的舞台已经不再需要独角戏,而是双人舞和多人舞。

有个部门经理这一年的业绩尤为突出,年底时,老板在表彰会上特别表扬了他,并在颁发奖金外,额外还给了他一个红包。大会上的主持人就此事,请他谈谈心里的感受。

他面对公司所有人说起了自己这一年来如何兢兢业业,如何积累知识,如何提高能力等等,可就是没有提及一句感谢上司对他的信任和重用,还有同事及其下属对他的帮助和合作之类的话。大会一结束,便一溜烟地跑了,也没有邀请同事们庆祝一下。

虽然,表面上大家都没有说什么,但从此他的上司就开始了有意的刁难,同事们也开始了有意的疏远,下属们也变得懒散,以致经常顶撞他。

一段时间后,他曾经挂在脸上的春风得意的笑容消失了,逐渐变成了孤家寡人。

俗话说:"有福同享,有难同当。"每个人都希望自己与荣誉和成功联系在一起，如果你无视别人，就很难在职场立足。职场中没有人能够不需要任何帮助而生活。如果你在工作中只顾埋头苦干，不愿去和别人分享你的成绩或是快乐，忽视了人际关系的培养时，你所遇到的困难就会成倍地增加，你所承受的压力也会成倍增长。并且，你将肯定不再受欢迎。

人是社会的动物。在职场上，有多少人因为承受不住同事所带给自己的巨大压力而黯然谢幕了呢？不是工作能力差，知识不够丰富，那么为什么被排挤掉或者主动辞职的总是这些人呢，难道是上天偏偏让他们命运多舛不成？其实也怪不得别人，谁让这些特立独行者总是和别人对不上眼，相处得不融洽，搬起人际关系这块巨石来砸自己事业之路上的脚呢？

在新进公司的第一天，你不愿同别人说话，不愿向老员工讨教，因为你觉得自己没有必要主动说话，至少你的学历很可能比他们高；当工作中你遇到困难时，你不屑向同事们请教，而是毫不犹豫地冲向总经理办公室，这样一来在别人眼中你的另一个名字叫做"马屁精"；如果你取得了可喜的成绩，你更不愿把它拿出来和同事们一起分享，因为这是自己努力的结果，关别人什么事？当然，也没有人会祝贺你的成功……久而久之，你突然发觉到自己似乎变成了公司里最不受欢迎的那一个，没有同事冲你真诚友好地微笑，聚餐也没有你的份儿。天啊，每天除了要应付烦死人的工作还要应付同事们所加在你头上的压力！看，你会有多痛苦！

一家有影响力的公司招聘高层管理人员，有9名优秀应聘者从上百人中脱颖而出，经过初试，闯进了由公司老总亲自把关的复试。老总看过这9个人的详细资料和初试成绩后相当满意。但是，此次招聘只能录取3个人。所以，老总给这9个人出了最后一道试题。

老总把这9个人随机分成甲、乙、丙三组，指定甲组的3个人去调查本市婴儿用品市场，乙组的3个人调查妇女用品市场，丙组的3个人调查老年用品市场。老总解释说："我们录取的人是负责市场开发工作的，所以，你们必须对市场有敏锐的观察力。让大家调查这些行业，是想看看大家对一个新行业的适应能力。每个小组的成员务必全力以赴！"临走前，老总补充道："为避免大家盲目开展调查，我已经叫秘书准备了一份相关行业的资料,走的时候自己到秘书那里去取!"

两天后,9个人都把自己的市场分析报告送到了老总那里。老总看完后,站起身来,走向丙组的3个人,分别与之一一握手,并祝贺道:"恭喜3位,你们已经被本公司录取了!"老总看见大家疑惑的表情,呵呵一笑,说:"请大家打开我叫秘书给你们的资料,互相看看。"原来,每个人得到的资料都不一样,甲组的3个人得到的分别是本市婴儿用品、妇女用品、老年人用品市场过去、现在和将来的分析,其他两组也类似。老总说:"丙组的3个人很聪明,互相借用了对方的资料,补全了自己的分析报告,作出了一份近乎完美的调查报告。而甲、乙两组的六个人却分别行事,抛开队友自己做自己的,调查结果自然有所偏差。我出这样一个题目,其实最主要的目的,是想看看大家的团队合作意识。甲、乙两组失败的原因在于,你们只知单干,只按个人意识做事,没有合作意识,忽视了队友的存在!要知道,团队合作精神才是现代员工获得高绩效的保障!"

俗话说得好:"双拳不敌四手","一根筷子容易折,一把筷子折不断"。从电子(最小的质粒)到宇宙最大的星球,这些物质证明了宇宙最初的一项法则,就是"组织"。能够认识这项法则的重要性,并使自己熟悉这项法则和各种方式,以及利用这种法则为自己创造利益,实在是最幸运的人。个人的力量是渺小的,人民的力量才真正伟大。整个历史是由人民大众创造的。合作能够产生无穷的力量去创造未来。当感觉到个人的弱小时,我们不要怯弱,要努力寻求合作,三个臭皮匠顶上一个诸葛亮,懂得合作,渺小迟早会变成伟大。就算是一穷二白,也绝不是不能脱贫致富。你没有钱,可以找有钱的帮忙;你没有技术,可以请有技术者与你共创事业;如果你不善于经营管理,你也可以聘请有经验的人入伙与你一道奋斗。

俗话说:"一个篱笆三个桩,一个好汉三个帮"。不懂得或不善于利用他人力量,光靠单枪匹马闯天下,在现代社会里是很难大有作为的。在家靠父母,出外靠朋友。不懂得或不善于利用他人的力量,光靠单枪匹马闯天下,在现代社会中肯定难有所为。

2.

多一个朋友多一条路

人际关系，是一个人通往财富、成功的入门票。朋友多，路子就广。好莱坞有一句很流行的话："成功，不在于你知道什么或做什么，而在于你认识谁。"的确如此，在这个世界上，到处可以看见很多有才华的人，他们才华横溢、能力超群，有的甚至有着上天入地的本领，但为何最终仍落了个颗粒无收的下场呢？究竟原因，就是缺乏朋友！成功学大师卡耐基经过长期研究得出结论："专业知识在一个人成功中的作用只占15%，而其余的85%则取决于人际关系。"所以，只需扩大朋友圈，你的处境就会彻底改变！

> 美国老牌影星寇克·道格拉斯（知名男影星麦克·道格拉斯的父亲）年轻时十分落魄潦倒。有一回，他搭火车时，与旁边的一位女士攀谈起来，没想到这一聊，聊出了他人生的转折点。没过几天，他就被邀请至制片厂报到，因为他碰倒的那位女士是知名制片人。这个故事的重点在于，即使寇克·道格拉斯的本质是一匹千里马，但也要遇到伯乐，一切才能美梦成真。

生活中，我们不能缺少朋友。多一个朋友就多一条路，在你最困难的时候，往往是你的朋友帮助了你；离开了朋友，你往往就会陷入无助之中。朋友，是你人生中一笔巨大的财富，是关键时刻可以靠一靠的人脉大树。激励大师安东尼·罗宾说：人生最大的财富便是人脉，因为它能为你开启成功的每一道门，让你不断地成长，不断地贡献社会。人脉能为你开启前行路上的每一道门，让你不断地成长，不断地获得财富。

　　维克多从父亲的手中接过了一家食品店,这是一家古老的食品店,很早以前就存在而且出名了。维克多希望它在自己的手中能够发展得更加壮大。

　　一天晚上,维克多在店里收拾,第二天他将和妻子一起去度假。他打算早早地关上店门,以便为度假做准备。突然,他看到店门外站着一个年轻人,面黄肌瘦、衣衫褴褛、双眼深陷,一个典型的流浪汉。

　　维克多是个热心肠的人。他走了出去,对那个年轻人说道:"小伙子,有什么需要帮忙的吗?"

　　年轻人略带点腼腆地问道:"这里是维克多食品店吗?"他说话时带着浓重的墨西哥味。"是的。"

　　年轻人更加腼腆了,低着头,小声地说道:"我是从墨西哥来找工作的,可是整整两个月了,我仍然没有找到一份合适的工作。我父亲年轻时也来过美国,他告诉我他在你的店里买过东西,喏,就是这顶帽子。"

　　维克多看见小伙子的头上果然戴着一顶十分破旧的帽子,那个被污渍弄得模模糊糊的"V"字形符号正是他店里的标记。"我现在没有钱回家了,也好久没有吃过一顿饱餐了。我想……"年轻人继续说道。

　　维克多知道了眼前站着的人只不过是多年前一个顾客的儿子,但是,他觉得应该帮助这个小伙子。于是,他把小伙子请进了店内,好好地让他饱餐了一顿,并且还给了他一笔路费,让他回国。

　　不久,维克多便将此事淡忘了。过了十几年,维克多的食品店越来越兴旺,在美国开了许多家分店,他于是决定向海外扩展,可是由于他在海外没有根基,要想从头发展也是很困难的。为此维克多一直犹豫不决。正在这时,他突然收到从墨西哥寄来的一封陌生人的信,原来正是多年前他曾经帮过的那个流浪青年。此时那个年轻人已经成了墨西哥一家大公司的总经理,他在信中邀请维克多来墨西哥发展,与他共创事业。这对于维克多来说真是喜出望外，有了那位年轻人的帮助，维克多很快在墨西哥建立了他的连锁店，而且发展得非常成功。

俗话说："在家靠父母，出门靠朋友。"究其实质，这句话本身并没有错。一个人长大成人之后，脱离了父母，一旦有了什么难处，身边除了老婆孩子，不靠朋友又靠谁呢？如果有人问："你有没有朋友？"一定有很多人答不上来，即使能够回答得出来，大致也都是学生时代的同学或办公室合得来的同事，所想得出来的不过几个人而已。这些关系虽然也可直接结为朋友，但是严格地讲起来，朋友的关系范围应更广，基础更深才行。

有时，我们在阅读名人传记时，会发现这些成功的人士似乎都有深厚的"背景"，查一查这些政治界、金融界的名人家谱，他们的祖宗三代地位显赫，无论祖父、祖母、父亲、母亲都出于名门，似乎国家的命运都掌握在他们的手中，人家有如此雄厚的人际关系资本，简直让平头百姓羡慕不已。由此观之，仿佛纠朋结众是和我们普通人绝缘的，其实不然，我们知道，交友是每个人所必需的，并不是政治家或金融家的专利，而且如果渴望广结人缘，在我们周围，就有不少人选，待你去发现。比如你的长辈、兄弟在哪一家的公司做事，而工作内容和你毫不相关，同时他们也交有一些朋友，就这样，长辈和兄弟也可以作为你广结人缘的桥梁，也就是说，如果以长辈和兄弟为媒介，还能够找到更多的朋友。

3.

敢于和"贵人"交朋友

世界上有些事情不是靠个人打拼就能达到或完成的，借助贵人的力量必不可少。有时候，某人的一句话令你醍醐灌顶、茅塞顿开，这个人就是你的"贵人"；有时候，某人的举手之劳帮你卸掉了重负，让你轻装上阵、信心百倍,这个人就是你的"贵人";有时候,某个人不经意间的一个提示,让你豁然开朗有如神助,这个人就是你的"贵人"。事业成功的人,有赖于比自己优秀的贵人,不断地使自己力争上游。

　　罗纳德从学校毕业进入社会时是在一家小型公司工作。这之后不久,他就很幸运地通过了一家大型企业的考试,进入到这家公司工作。

　　在上千人的大型公司工作,不像在小公司里样样都得自己来,优点是可以专注于自己擅长的工作上,缺点是公司人才众多,自己所占的舞台面积缩小了,不再像以前一样可以挥洒自如。

　　对于一个新进人员来说,如何加强自己的竞争能力,是一个必须要思考的问题。罗纳德心想,要让高层主管知道自己的能力,起码先要让他们认识自己,公司这么多人进进出出,能让他们叫得上名字的低层人员也没有几个。

　　但是怎么才能够让高层主管认得自己呢? 罗纳德整天在心里反复念叨着这个问题。

　　时间过得很快,又到年底了,依照惯例,公司根据年终盈余发放年终奖金,大伙儿也照样按着"惯例",不管拿多少奖金,也要对发放的比例批评、讽刺一番,好像不这么做就不能表示出自己一年来工作的辛苦似的。.

　　发放奖金之后的第二天,一封"感谢函"静静地躺在公司总经理和几位高级主管的桌上,内容是感谢各位主管辛苦的指导和带领,署名是罗纳德。

　　罗纳德"又"在洗手间碰到了总经理,总经理笑着对他说:"噢! 你就是罗纳德啊!"

职场里,贵人是你坚实的靠山,只有向贵人充分展示你的才华,才能够引起贵人的重视,你才会得到贵人的鼎力协助。机智灵活地展示自己的才华,你才会一步步走向成功。所以,握住贵人的手吧,不要错过他给你的机会!

在职场上抓住身边的贵人,是职业发展的窍门之一,也是职业成熟度颇高的标志。有句话说"爱拼才会赢",但偏偏有些人是拼了也不见得赢,关键可能在于缺少贵人相助。在攀登事业高峰的过程中,贵人相助往往是不可缺少的一环。有了贵人,不仅能替你分忧解难,还能加大你成功的筹码。有人说贵人是可遇而不可求的,其实不然,机会永远只会钟情于有准备的人,如果你的知识、能力,以及你的上进心足够引起贵人注意的话,那么不仅你自己能成为自己的贵人,生活中任何人都可能成为你的贵人。

美国有一位名叫阿瑟·华卡的农家少年,在杂志上读了某些大实业家的故事,他想知道得更详细些,并希望能得到他们对后来者的忠告。有一天,他跑到纽约,也不管对方几点开始办公,早上七点就到了亚斯达的事务所。在第二间屋子里,华卡立刻认出了面前那体格结实、长着一对浓眉的人就是他要找的人。高个子的亚斯达开始觉得这少年有点讨厌,然而一听少年问他:"我很想知道,怎样才能赚得百万美元?"他的表情变得柔和并微笑起来。两人竟谈了一个钟头。随后亚斯达还告诉了他该去访问的其他实业界名人。

华卡照着亚斯达的指示,遍访了一流的商人、总编及银行家。他开始效仿他们成功的做法。又过了两年,这个20岁的青年,成为了他当学徒的那家工厂的所有者。24岁时,他成为了一家农业机械厂的总经理,为时不到五年,他就如愿以偿拥有百万美元的财富了。这个来自乡村粗陋木屋的少年,终于成为银行董事会的一员。在活跃于实业界的67年中,华卡实践着他年轻时前往纽约学到的基本信条,即多与有益的人结交。会见成功立业的前辈,能转换一个人的机运。要与伟大的朋友缔结友情,像第一次就想赚百万美元一样,是相当困难的事。这原因并非在于伟人们的超群拔萃,而是你自己容易忐忑不安。

贵人是有能力和有身份的人。在你的朋友圈中,如果你是最成功的那一个,你就难以更成功。跟冠军在一起,自然容易成为冠军;与普通人混在一起,久而久之,你也被"变"普通了。与优秀的人和成功者进行交往,这就是我们应该做的。你的贵人也在这群人中间。别怕与大人物打交道。有时,你需要一点勇气。

4.

真诚友善,多交朋友少树敌人

有这样一句箴言:"多个朋友多条路,多个冤家多堵墙。"这句话在世界上每个国家都有相同意思的版本。多交朋友,少树敌人,对每个人都是有意义的忠告。做人需要朋友,而且是越多越好。至于敌人,最好是一个也没有。一个人的一生,应该是朋友多多益善,敌人越少越好。只有多交朋友,少树敌人,才能有更大、更自由的生存空间。

著名的工程师莱惠尔,有一次,以最好的方法使一个对他怀有相当成见的人心悦诚服地听从他的意见。这个人是老工头,在工人当中很有声望。他自认年岁比莱惠尔大得多,经验必比莱惠尔丰富得多,所以他相当看不起莱惠尔,认为这个小娃娃有什么资格来指挥我呢?我吸的烟都比他吃的饭还多哩!由于这种轻视心理作祟,渐渐由轻视变成敌意,样样事情都跟莱惠尔做对,使得莱惠尔做起事来十分吃力。

有一次,莱惠尔设计了一套工作计划,准备效率尽量提高。那位老工头一接到这份计划后,看也不看一眼,就气冲冲地跑到总经理处大吵一顿。他的理由是:这是张废纸,那个负责设计的小娃娃莱惠尔,根本连机房都没有进去过,怎么能够制定出一套完善的计划来呢?

总经理被他吵得没有办法,只好把莱惠尔的计划暂时搁下,等待机会再付诸实行。莱惠尔听到这个消息很是难过。他独自关在房间里，沉思了好半天，下决心弄明白这个刚愎自用的工头，到底为什么这般的憎恨他？于是莱惠尔仔细地推理一番，列条写下来，你看看他的分析：第一，我跟这个工头到底有什么仇怨呢？然后为什么他要处处与我为难呢？这个问题之下，他又分成三个小题：

甲、是不是自己有什么地方开罪他？

乙、自己的工作是否跟他发生了不可调和的冲突，使他把自己当成仇人？

丙、是否自己的工作损害了他的权益？第二，自己的利益是否跟他有了冲突？

此问题下，他又分为三个小题：

甲：是否自己设计了这份切实可行的工作计划，就会直接打击了他的声誉？

乙：是否自己的成就会严重地损害他的利益，因而使他生怨？

丙：是否自己的成就会给他带来更大的麻烦，因而使他产生了敌意？

答案全都是：否。由此，莱惠尔确定那位老工头之所以憎恨他，必定是误会了他，以为他是个目中无人的家伙，为了面子问题而处处与他为难，令他遭受无情的挫折。如果能尊重一下他的意见，可能会把这个敌人征服的。于是莱惠尔决定采取三个步骤。首先亲自去拜访那位工头，看看他的口气与态度，见机行事，摸清楚他为什么会对自己产生恶感？如果他不是有很大的恶意，就把那份工作计划拿出来向他请教，看看他反应如何？假如他一口拒绝，就证明自己的成就直接侵害了他的利益；倘使他答应指教，就可确定他是误会自己是个骄傲的家伙，故意跟自己抬杠，使自己面临无法解决的困难。

那天晚上，莱惠尔冒着严寒，挟着那份计划去拜访那位老工头。那时，老工头正在进晚餐，很悠闲地跟老妻说着家常，看见莱惠尔突然来访，很是奇怪。莱惠尔诚恳地请他继续用膳。他只是遭遇到一个难题，想向老前辈请教。老工头匆匆地结束晚膳,赶来接待莱惠尔这个不速之客。他的态度显然变得和蔼得多了！两人坐定,客气地寒暄一阵以后,莱惠尔就展开那个计划,说出自己制定这个工作计划的动机。由于自己对机房的工作不甚了解,所以特地来请他指示。

老工头客气一番之后,就把那份计划留下,劝莱惠尔早点回去休息,不要在路上冻着。第二天,老工头把那份计划交还莱惠尔,并且亲自到总经理处大力称赞莱惠尔,说他是个了不起的设计天才,他制定出来的计划是最完整、最妥善而且切实可行的方案,他的机房愿意首先试用。莱惠尔的诚恳,征服了一个刚愎自用的人。

莱惠尔化敌为友的妙方值得我们钦佩,他的经验值得我们学习。希望你们能化每个敌人为朋友,朋友是一股成功的动力！可见,一个人有没有朋友,关键不在你想不想交朋友,而在于你的胸怀够不够宽广,你够不够大气。一个自私自利的人是不会有多少朋友的;而一个心胸狭窄的人,则是一个没有朋友的人;一个阴险狠毒的人,显然只能有许多的敌人。一个人,如果他的周围少有朋友,多有敌人,那么,这个人的人生将是非常暗淡的,非常不幸的,非常悲哀的,结果也是非常痛苦的。做人,要多交朋友,少树敌人。做到这一点不难,只要我们能够首先宽宏大量,与人为善。

少树一个敌人,多交一个朋友,你会发现道路变宽了;少想一些烦恼,多露一些笑容,你会发现快乐容易了;少一点责备,多一点关怀,你会发现幸福简单了;生活其实很简单,只要用心,幸福快乐也就容易了,生活也就精彩了！

5.

人情做足才有"杀伤力"

人是有情之灵物，人人都难逃脱一个"情"字。你送朋友一个人情，朋友便欠了你一个人情，他是定要回报的，因为这是人之常情。做人情就像你在银行里存款，存的越多，存的越久，红利便越多。

钱仲书先生一生日子过得比较平和，但困居上海写《围城》的时候，也窘迫过一阵。辞退保姆后，由夫人杨绛操持家务，所谓"卷袖围裙为口忙"。那时他的学术文稿没人买，于是他写小说的动机里就多少掺进了挣钱养家的成分。一天500字的精工细作，却又绝对不是商业性的写作速度。恰巧这时黄佐临导演排演了杨绛的四幕喜剧《称心如意》和五幕喜剧《弄假成真》，并及时支付了酬金，才使钱家渡过了难关。时隔多年，黄佐临导演之女黄蜀芹之所以独得钱仲书亲允，开拍电视连续剧《围城》，实因她怀揣老爸一封亲笔信的缘故。钱仲书是个别人为他做了事他一辈子都记着的人，黄佐临40多年前的义助，使他得以多年后回报。俗话说："在家靠父母，出门靠朋友"，多一个朋友多一条路。要想人爱己，己须先爱人。每个人都应当时刻存有乐善好施、成人之美的心思，才能为自己多储存些人情的债权。这如同一个人为防不测，须养成"储蓄"的习惯，这甚至会让各位的子孙后代得到好处，正所谓前世修来的福分。黄佐临导演在当时不会想得那么远、那么功利。但后世之事却给了他作为好施之人一个不小的回报。

人情这东西是怎样获得的？很多时候是你通过帮别人忙和给别人办事而获得的。帮过别人的忙，别人就欠下了你的人情，帮助别人越多，别人欠你的人情就越多。但获得人情也不是很容易的事情。凭借三天两早的功夫，是得不到人情之垂青的。所以，几乎人人都重视人情，珍惜人情。有些人可能去践踏真理，却很少去践踏人情。

　　有一位出版商，他平时即很注重人际关系的建立，不论是大人物或小人物，他都不吝花费地和他们建立关系。据说有一位与他并未谋面的作家因为急需，去向他借钱，他二话不说就掏出两万元。他广结人际关系的结果是，到处都有人帮助他，他也因而得到很多好稿子。后来他在危急时，有很多人帮他渡过难关。
　　他就是用在银行存钱的方式建立他的人际关系——先存再提！

很多人都有一本或数本的银行存折，如果你年初有五千元，到了年底，你会发现，存折上不只是五千元，还有利息！同样，人情关系也是如此。"先存再提"说来有些"现实"，有"利用、收买"的味道，但若从另一个角度来看，和别人建立良好的人际关系本来就有这样的好处，不能光用"现实"的眼光来看；而这些人际关系，必成为你这一生中最珍贵的资产，在必要的时候，会对你产生莫大的效用。就像银行存款一样，少量地存，有急需时便可派上用场。而别人对你的善意的回报，有时是附带"利息"的，就好比银行存款生利息那般。所以，一个人动用人情的次数，要尽量少，以免提早把人情存款取光。

　　当医生的王小姐早在两年前曾因自己孩子转学一事求过教委的一个同学，而且也送了些人情钱，可对方没要。这下可好，在接下来的两年内，那位同学便多次带着亲友、朋友来医院找王小姐帮忙，有些事根本不能办，像半价CT、婴儿性别鉴定、高价病房算低价等等，着实给王小姐出了不少难题。还了人情的王小姐，后来就想办法渐渐疏远了这位同学，再后来两人就索性不再交往了。

可见，依靠人情办事是有一定限度的，透支了反而令人很尴尬。同样，人情储蓄也不能即存即支。如果你急于找后账，急于在这笔人情账中得到回报，你就犯了人情世故的大忌。你就会在找这笔后账中既丢掉了人情，丢掉了面子，也丢掉了做人的本分和进退的分寸。

不错，生活中经常有这样的人，帮了别人的忙，就觉得有恩于人，于是心怀一种优越感，高高在上，不可一世。这种态度是很危险的，常常会引发负面结果。也就是"帮了别人的忙，却没有增加自己人情账户的收入"，这是因为这种骄傲的态度，把这笔账抵销了。永远记住一个物理反应：一种行为必然引起相对的反应行为。只要你有心，善于帮助别人，留意给人面子，多储蓄一些人情，你将会获得更大的帮助、更大的面子和更多的人情。那么，怎样动用人情这笔存款呢？就是说，怎样做才能不透支人情，又能把事情办好呢？这就需要在与人交往时要尽量把人情用在刀刃上。先弄清你与对方的交情究竟有多少，人情究竟有多重，然后再掂量事情的分量，看看是否适宜找对方帮忙，千万不要没个轻重缓急。做好估算，动用人情的次数要尽量少，以免提早把人情存款用光，那样，就不会"情到用时方恨少"。

第六章
专注执著，做个坚持到底的人

　　骐骥一跃，不能十步；驽马十驾，功在不舍。同样，成功的秘诀不在于一蹴而就，而在于你是否能够持之以恒。任何伟大的事业，成于坚持不懈，毁于半途而废。世间最容易的事是坚持，最难的，也是坚持。说它容易，是因为只要愿意，人人都能做到；说它难，是因为能真正坚持下来的，终究只是少数人。

1.

在困难面前挺起腰杆

在人生之路上,每个人都不可能一帆风顺,谁也不可能永远走得稳稳当当。每个人都可能会遇到这样那样的困难,所不同的是:在困难面前,弱者一味痛苦迷惘,畏缩不前;强者却在困难面前昂首挺胸,挺直腰杆,不向困难低头示弱。

在很久以前,曾经有一个老农种了两片庄稼地,一片在东南,一片在西北,相距甚远。这一年,幼苗刚长成,恰逢扎根期,东南一片经常受到雨水的浇灌,而西北一片则滴雨未见。扎根期过去之后,东南与西北的气候相同。有许多人认为,东南片的庄稼一定优质高产,因为它的幼苗期环境优越。

然而,事实恰恰相反,到年底西北片的庄稼亩产 1 000 斤,而东南片的庄稼亩产才 800 斤。

很多人对这种现象非常不解,就去找老农询问。老农听后,哈哈一笑说:"道理很简单。西北片的庄稼幼时少雨,看似不利,但因为少雨,庄稼为了生存,就把根扎得很深且很牢。到后来,在相同的条件下,根扎得深的庄稼,就能汲取到更多、更丰富的营养,所以它们会优质高产。"

老农的话看似平淡,但含义何其深刻。苦难有时并不是不幸,而恰恰是上天给我们的恩赐。正是这些苦难,促使我们不断挖掘生命潜能,主动汲取人类的智慧,丰富自己,博大心胸,将生命的根扎深、扎牢,为日后的脱颖而出打下坚实的基础。

　　上林县一个小镇上，有一片郁郁葱葱的美国甜竹林。在这里，常常可以看到一个肩扛锄头、身背勾刀、头戴草帽，跛着腿劳作的中年男子，他就是这片甜竹林的主人莫建大。这名残疾人，用自己的双手开辟了近60亩的甜竹林，创造每年4万余元的可观收入。之所以能取得这样的成绩，正是因为他超人的勇气和坚强的意志。

　　40来岁的莫建大10多年前从事建筑时，不慎从楼上摔下，落下了残疾。但他并不悲观，他知道世上没有救世主，自己的命运掌握在自己的手中。他鼓足勇气，承包了义资岭上近60亩的土质肥沃、适宜种植甜竹的荒坡。

　　一无基础、二无资金、三无技能的他，仅凭着一股勇气，就开始了他的艰难的创业历程。

　　莫建大开发甜竹种植成为该县开展生态扶贫的一个重要项目和龙头产业，引起了有关部门的重视，县林业部门为莫建大无偿提供了所需竹苗，并给予技术上的支持。这给莫建大吃下了定心丸。为了尽快付诸实施，莫建大在筹措了一部分资金后，向有关部门争取资金支持，得到了银行贷款2万元，作为启动资金投入建设。挖坑整地种下2500株美国甜竹苗。

　　甜竹种下了，可百倍的艰辛还在后头，困难一个接一个：缺乏技术、没有流动资金、没有销路……莫建大一刻也不敢闲着，他边种边学，整天蹲在竹园里，常常是忙到晚上11点多才拖着疲惫的身子回家；培土施肥时，为了节省费用，他自己跑上跑下买肥料、搬运、施肥等，几个月下来，原本人高马大的莫建大整个人缩小了一圈。但他觉得值——因为经过将近一年时间的努力，近60亩甜竹园已初具规模。

　　在林业部门的技术指导下，经过一步一步地摸索，比常人超出百倍的辛勤付出终于有了回报。尝到甜头的莫建大，信心倍增，全身心投入对竹林的护理。年收入已达4万元。

　　付出就有回报，鲜笋销路很广，都是客户上门收购，价格好，供不应求。产量多的时候，莫建大就自己加工甜笋，使每斤甜笋比原来增值 2 倍以上，有效提高了产品的价值。

正如莫建大所说的，身体残疾并不可怕，怕的是不思进取，自暴自弃。莫建大坚持发扬自尊、自信、自立、自强的精神，树立正确的创业观，积极投身于当地的农村经济建设，带头致富，为群众树立起一个看得见、学得到的科技致富典型。他的创业故事在当地广为流传，激励着附近无数个有志青年投身于创业当中。

面对困难，许多人望而却步，而成功的人士往往非常清楚，只要敢于和困难拼搏一番，就会发现，困难不过如此！当你在生活中、工作上遇到各种各样的沟沟坎坎，每次面临进退的选择，当你感到恐惧和疑虑时，就如同面临一条拦路的小河沟。其实，你抬腿就可以跳过去，就那么简单。在许多困难面前，人需要的，只是那一抬腿的勇气。

2.

顽强执著，不放弃不抛弃

电视剧《士兵突击》热播后，使无数观众为之倾倒，无法自拔。剧中主人公许三多一个不起眼的农村兵，从不被人接受，不被人认可，甚至被人嘲笑开始，依靠着自己的真诚、执著，用"不抛弃，不放弃"的信念激励了自己，也感染了身边的每一个人，直至获得成功并被他人认可。该剧引发了一波又一波不可抑制的讨论热潮，参与者不分地域，不分职业，不分年龄，范围之广前所未有。而其中最为大家所认可和熟知的应该就是许三多和钢七连所共同抱有的成功信念"不抛弃，不放弃"了。在漫漫的人生道路上，我们是否能实现自己的理想，体现自己的价值，关键在于：不抛弃，不放弃。

在一次奥运会的马拉松比赛中，众多选手已经顺利完成了比赛以后，人们发现，坦桑尼亚选手艾克瓦里仍坚持着，吃力地跑进了奥运体育场。他是最后一名抵达终点的选手，而这场比赛的优胜者早就已经领了奖杯。此时艾克瓦里的双腿已经是沾满血污，但他没有放弃，还是忍着伤痛，努力跑到了终点。于是，有人好奇道："比赛不是早就结束了吗，你为什么还要跑到终点啊？"这位来自坦桑尼亚的年轻人轻声地回答说："我的国家送我来这里，不是叫我只是起跑的，而是派我来完成这场比赛的。"

艾克瓦里心中装的不是成败，而是坚持到底！这是他的祖国希望他达到的目标，所以对艾克瓦里来说，"跑完比赛"是他努力的方向。尽管他不是马拉松比赛里跑得最快的选手，但是他一定是一位优秀的选手。只要如此执著地追求目标，只要不放弃，他就有希望完成目标。而如果他觉得自己没有希望了，就此放弃，也许回国后他就再也不会从事这项运动了。如果这样，对他来说，永远都不会有任何意义了！

人生里，失败总是难免的，有的失败是力有不逮，有些失败是阴错阳差，有些失败却是因为放弃。所以，万事贵在坚持。坚持才能胜利，这是个并不深奥的成功秘诀。一个人具备了坚强的意志、耐心和恒心，他就取得了成功的一半。

小泽征尔先生是享誉世界的著名指挥家、大音乐家，他参加贝桑松音乐节的"国际指挥比赛"，并因此一举成名。在此之前，他不但在世界无名，就是在日本，也名不见经传。因为他的才华没有表现出来，不为人所知。

才华横溢的小泽征尔在心里暗下决心，一定要一鸣惊人，向世人证明自己。于是，他决心去参加世界著名的贝桑松音乐比赛。历经各种各样的困难，他终于充满信心地来到欧洲。可一到当地，更大的难关在等待他。

到达欧洲之后,先要办理参加音乐比赛的手续。但不知为什么,他的证件竟然不够齐全,不被音乐节组委会正式受理。这么一来,他就无法参加期待已久的音乐节了!

大多数人在遇到这种情况时,或许就会放弃了。但小泽征尔却不同,他不但不打算放弃,还尽全力积极争取。

首先,他来到日本大使馆,说明原委,请求使馆人员的帮助。然而,日本大使馆无法解决这个问题,小泽征尔失望极了。正在束手无策时,他突然想起朋友过去告诉他的事。

"对了!美国大使馆有音乐部,凡是喜欢音乐的人,都可以参加。"

他立刻赶到美国大使馆。

卡莎夫人是这里的负责人,过去曾在纽约的某音乐团担任小提琴手。

他向卡莎夫人说明事情的本末,并且再三拜托对方想办法让他参加音乐比赛。但卡莎夫人面有难色地表示:"虽然我也是音乐家出身,但美国大使馆不得越权干预音乐节的问题。"

听到卡莎夫人的话后,他并没有放弃希望,仍然执著地恳求她。

小泽征尔的真诚终于打动了卡莎夫人,原本僵硬的表情逐渐浮现出笑容。她想了一会儿,问道:"你是个优秀的音乐家吗?或者是个不怎么优秀的音乐家?"

小泽征尔刻不容缓地回答:"当然,我自认是个优秀的音乐家,我是说将来可能……"也正是他这几句充满自信的话,让卡莎夫人的手立即伸向电话。

卡莎夫人联络贝桑松国际音乐节的组委会,拜托他们让他参加音乐比赛。结果,组委会回答,两周后作最后决定,请耐心等待答复。

此时此刻,小泽征尔的心里隐隐地抱有一丝希望。两星期后,他收到美国大使馆的答复,告知他已获准参加音乐比赛。这表示他可以正式地参加贝桑松国际音乐节指挥比赛了!

在60位参赛人员中,小泽征尔顺利地通过了预选,进入正式决赛。决赛是残酷的，很多人身怀绝技，小泽征尔感到压力很大。他这样鼓励自己："好吧！既然我差一点就被逐出比赛，现在就算不入选也无所谓了！不过，为了不让自己后悔，我一定要加倍努力。"

后来，他终于获得了冠军。

上帝是公平的，他给了每个人一把打开成功大门的钥匙。无论你是谁，只要你抓住了坚持这把钥匙，成功的曙光就会毫不吝啬的照向你。但一旦放弃了，就算是近在咫尺的胜利女神也会悄然离开。小泽征尔面对困难，始终没有放弃，而是奔走于日本大使馆、美国大使馆，为参加音乐节，尽了最大的努力，最后获得成功——获得贝桑松国际音乐节指挥比赛优胜，成为享誉国际的著名指挥家，奠定了世界大指挥家不可动摇的地位。

人生充满了挑战，每一次挑战都是一次机遇，我们要时刻准备着迎接挑战，才不会失去机遇。没有什么不可以战胜的，只要你抱有坚定的信念，永不妥协，永不低头，就会有成功的那一天。只有这样，我们才能最终实现我们的理想。

3.

不怕困难，冷静地去面对挫折

有人曾经说过：荣誉的桂冠，都是由荆棘编织而成的。古今中外，多少有为之士没经历过半点挫折？挫折是无处不在的，没有人一生一直是顺顺当当，波澜无惊的。没有挫折的人生是不完整的。人们都希望能"一帆风顺"、"万事如意"，但那只是人们的一种向往，一种希冀。

有个渔夫拥有一套一流的捕鱼技术,人们恭敬地称他为"渔王"。"渔王"有三个儿子,他们从小便跟随"渔王"学习捕鱼技巧,可是很多年过去了,他们的捕鱼技术依然平庸。为此"渔王"经常向别人诉说自己的苦恼:"我真搞不明白,我一直用心地教他们,我把我这一生总结出来的经验毫无保留地传授给了他们,可他们的捕鱼技术竟然连一般渔民的儿子都比不上!"

有一次,一位路人听到他说的话后问他:"你是怎么教的?手把手地教给他们吗?"

"是啊,为了让他们学到我的技术,我把我所有的心思都花在上面了。"

路人又问:"他们一直跟着你捕鱼吗?"

"是的,我不想让他们走弯路,就一直让他们跟着我学。"

那路人说:"按你的说法,你的儿子捕鱼技术平庸很正常。因为他们只学到了技术,并没有学到教训。对于有才能的人来说,教训与经验一样重要,缺少其中一项,都难成大器!"

挫折是我们生命中的一部分,从开始走路,学说话,学写字,我们就是从挫折中一路走来,在战胜挫折中成长。挫折会阻碍我们前进的步伐,但没有它,我们就不能学会坚强,没有它,我们就不会有斗志,没有它,我们就不能在社会上立足。

挫折是一阵轻风,清醒着我们的头脑;挫折是油灯中的油,给我们上进的燃料;挫折是点燃蜡烛的火柴,点燃前进的希望;挫折是那一块块铺路的砖,为我们铺下一条通往成功的星光大道。我们要做生活中的强者,就要正确认识挫折,提高自身心理承受力,以适应我们这个竞争的社会。

宋代温江人尹瞻,才思过人,以智慧闻名。他在本州任通判时,出巡州里,在江心遇到一棵大树。这棵树长得好生奇怪,自水底生出来,直立在江心,迎着湍急的河水竖着。尹瞻叫人停住船,在树边观察,问船工这树是怎么长在江心的?船家回答,某年山洪暴发,卷下一棵大树来,正好江心有一大坑,树就立在那里了。越长越大,成了江中一祸害,不少夜间行船的哪想到江心会有大树,撞在树上,不知一年要毁多少条船。尹瞻听罢,忙问:"那为何不除掉它?"船家回答:"除掉谈何容易,从水面上锯去,解决不了撞船问题。下水去锯,人怎可长时间在水中呢?"尹瞻听罢,沉思良久,说:"我有办法了,请你下水去量一下这树在水下有多少。"船家应命跳下水去,上来报告说有 1.2 丈。尹瞻记下,回州衙去了。

第二天,他让工匠们做了一只无底大木桶,桶粗 1 丈,高 1.5 丈,让工匠们带木桶去江心除掉那棵大树。众船家久为江心树所苦,今听说尹通判来为大家除害,都自愿跟来帮忙。来到江边,尹瞻令几个船家把工匠们载到树边,从水面上锯下树头。然后把木桶套在树干周围,打入江心泥中一尺。而后,让人用工具从木桶中往外舀水。不一会儿,木桶中的水就舀没了。尹瞻让工匠们下到桶底,从容地贴着江底锯下那段树干,排除了这个撞船的祸根。

善于在不利的大环境中制造一个有利的小环境,是尹瞻这一奇点子的出发点。正是这样,才能转逆为顺,扭转整个时局。一个人在通往成功的道路上,遇到挫折、经历失败总是难免的。挫折与失败并不可怕,可怕的是在经历失败后一蹶不振、心灰意冷。要想从失败的地方重新站起来,并走向成功,最重要的是拥有一颗积极向上的心,在逆境中保存实力,进而能脱离逆境,转逆为顺。

很多人认为只要不断地失败就能成功,这其实是错误的。成功并不单单是失败的积累,它是对失败的总结。善于从失败中总结原因并妥善处理这些问题的人才能在失败之后获得成功。就像爱迪生为了寻找灯丝,试验了数千种材料都失败了,但他还是满怀信心地说:"我知道了,有数千种的材料不适合做灯丝。"因此,我们要树立信心,让挫折成为自己向上攀登的垫脚石。在遭遇挫折时,能善待挫折,努力战胜挫折,做生活的强者。

4.

告诉自己再坚持一次

在我们人生的道路上,挫折、困难随时会出现在我们面前。当你面对时,一定不要害怕,不要退缩,而要勇敢地去面对,还要坚持。只要你做到了这一点,什么困难,什么挫折,都无法难倒你了。因此,不到最后关头,绝不轻易放弃,要一直不断地努力下去,以求取得最后的胜利。

有个年轻人去微软公司应聘,而该公司并没有刊登过招聘广告。见总经理疑惑不解,年轻人用不太娴熟的英语解释说自己是碰巧路过这里,就贸然进来了。总经理感觉很新鲜,破例让他一试。面试的结果出人意料,年轻人表现糟糕。他对总经理的解释是事先没有准备,总经理以为他不过是找个托词下台阶,就随口应道:"等你准备好了再来试吧"。

一周后,年轻人再次走进微软公司的大门,这次他依然没有成功。但比起第一次,他的表现要好得多。而总经理给他的回答仍然同上次一样:"等你准备好了再来试。"就这样,这个青年先后5次踏进微软公司的大门,最终被公司录用,成为公司的重点培养对象。

也许,我们的人生旅途上沼泽遍布,荆棘丛生;也许我们追求的风景总是山重水复,不见柳暗花明;也许,我们前行的步履总是沉重、蹒跚;也许,我们需要在黑暗中摸索很长时间,才能找寻到光明;也许,我们虔诚的信念会被世俗的尘雾缠绕,而不能自由翱翔;也许,我们高贵的灵魂暂时在现实中找不到寄放的净土……那么，我们为什么不可以以勇敢者的气魄，坚定而自信地对自己说一声"再坚持一次"？再坚持一次，你就有可能到达成功的彼岸！

约翰·吉米是美国一家人寿保险公司的保险员，他花65美元买了一辆脚踏车到处拉保险。不幸的是，业绩始终是一片空白。可是，吉米毫不气馁，晚上即使再疲倦，也要一一写信给白天被访问过的客户，感谢他们接受自己的访问，力请他们加入投保的行列，每一字每一句都写得诚恳感人。

可是，任凭他再努力、再劳累，也没有产生效果。两个月过去了，他连一个顾客也没有拉到，上司催他也是愈来愈紧。劳累一天回来，他常常连饭也没心情吃，虽然娇妻温顺体贴，但一想到明天，他就全身直冒冷汗。

他在日记中写道："从前，我以为一个人只要认真、努力地工作，就能做好任何事情。但是这一次，我错了。因为事实显然并不如此！我辛辛苦苦地跑了68天，然而，却连一个客户也没有拉成。唉！保险工作，对我很不合适，不如换个地方找工作吧……"

妻子劝告他说："坚持下去，就有盼头。"吉米听从了妻子的劝告。

吉米曾想说服一个小学校长，让他的学生全部投保。然而校长对此毫无兴趣，一次一次地拒吉米于门外。当他在第69天再一次跑到校长这里来的时候，校长终于为他的诚心所感动，同意全校学生投保。他成功了！坚持不懈的精神，使他后来成了著名的保险推销员。

一个推销员，如果在推销失败、遭人拒绝、嘲笑时就畏惧、退缩甚至放弃，那成功怎么会找上门来呢？有了第一次放弃，你的人生就会习惯于知难而退，可是如果你克服过去，你的人生就会习惯于迎风破浪的前进。只有具有坚持不懈、绝不放弃的心态，才有成功的那一天。我们应该抱有这样的观念：成功就在下一次。在实际工作中，我们有些人之所以没能成功,并非他们没有努力,而是他们在遭遇到困难之后,在成功的前夕便放弃努力了。

　　史泰龙是享誉全球的电影巨星,但鲜为人知的是他年轻时所遭遇的挫折。史泰龙在年轻时非常穷困潦倒。1976 年在他30 岁生日时,饱受贫穷之苦的他面对妻子用 1.5 美元买来的生日蛋糕发誓说:"我一定要脱离贫穷。"他当时梦想当演员,于是到纽约去找电影公司应聘。

　　由于史泰龙的英语发音不标准,长相又不怎么样,虽然他跑了 500 家电影公司,但是所有的公司都拒绝了他。他当时只有一个想法:"过去不等于未来,过去失败不等于未来失败。"他又开始跑回去应聘当演员,又被拒绝 500 次,但他还是只有一个想法:"过去不等于未来。"

　　他再一次跑回去向每家电影公司介绍自己,结果还是被拒绝。他失败 1500 次以后还是只有一个想法:"过去不等于未来。"

　　同时,他认为应该改变策略,采取一些不同的行动。于是他利用三天半的时间写了一个剧本。他拿着剧本向电影公司推荐。到 1700 次的时候,终于有一家电影公司同意用他的剧本,但是不让史泰龙当演员。于是他拒绝了这家电影公司的要求,一直到 1755 次,史泰龙终于当上了演员。他演的第一部电影叫《洛基》,也就是他自己编写的剧本,一炮走红,成为全世界片酬最高的男演员之一基本片酬 2000 万美元。

河蚌忍受了沙粒的磨砺,坚持不懈,终于孕育出绝美的珍珠;铁剑忍受了烈火的赤炼,坚持不懈,终于炼就成锋利的宝剑。一切豪言与壮语皆是虚幻,唯有坚持才是踏向成功的基石。成功者与失败者并没有多大区别,只不过是失败者跌下去的次数比成功者多一次,成功者站起来的次数比失败者多一次。

5.

学会忍耐，成功才会属于你

人生不会总是一帆风顺的，很多时候我们都要学会忍耐，因为忍耐会带给我们力量，忍耐会带给我们机会。当我们收回拳头的时候，不是因为我们放弃了搏击，而是我们在积蓄力量，因为只有收回的拳头打出去才能更有力。

据科学家考证，有一种生长在马达加斯加的竹子一亩花期过后的种子可以高达 50 公斤，但开花结籽却要等一百多年。竹子开花的时间因品种而不同，最短的也在 15～20 年，但这种品种的数量很少，大多数品种都在 120～150 年开花结籽一次。这种奇特的生理现象让生物学家百思不得其解。但研究出来的结果却是简单而理性的：为了它的种子不被吃掉。喜欢吃竹花竹籽的动物很少有活得过 100 年的。

还有一种蝉，17 年一个生育周期，从卵到蛹，要在黑暗的地下等待 17 年。这种生命的忍耐真是让人迷惘而感动。竹子为了一次开花结籽要等 100 多年，100 多年的对一切的无动于衷；一只蝉蛹要等 17 年，在黑暗的地下，默默的忍耐。

为了生命的完美，就要有走过漫长等待的忍耐，没有苦难与牺牲，生命的历程就失去了它的壮美。这是不是竹子和蝉想要告诉我们的生活真理？而自诩为万物之灵的人类却总在说着岁月经不起太长的等待，不懂得忍耐的重要。其实，忍耐是一种境界，心胸狭窄的人做不到，于是就有

101

了周瑜发出"既生瑜,何生亮"感慨后,吐血身亡的悲情故事;性格粗暴的人做不到,三句话不到,轻则粗言秽语,重则拳脚相加,伤了别人,也害了自己;利欲熏心的人做不到,整天羡慕他人的一掷千金,崇拜他人的位高权重,经不起诱惑,铤而走险,最后赔掉了自由甚至生命。

"忍耐"是众多有志之士的人生哲学。古语有:男子汉大丈夫,能伸能屈,能刚能柔,识时务者为俊杰也。一个人如果千苦可吃,万难可赴,能忍住岁月的考验,那么即使不是英雄也会忍成英雄的。

　　20世纪80年代,加拿大前总理特鲁多在下野后向邓小平请教复出的"秘诀",邓小平的答案是"忍耐和信仰"。正是凭着这个"秘诀",他三次被打倒,三次复出,而且一次比一次获得更大成功,被西方人称为"打不倒的东方小个子"。
　　忍可以顶得住任何砖石的磨砺,可以经得起任何风雨的冲击。正是这个"忍"字,使一度被打倒的邓小平再度复出,也正是这个"忍"字,教会了加拿大那位前总理人生的秘诀,使他在下野以后又重新焕发了政治生机,重新获得了总理的宝座。

在一个强手如林的世界里,忍耐是一种韧性的战斗,是一种坚强的做人策略,是战胜人生危难和险恶的有力武器。纵观历史,能成非常之事的人都懂得忍耐的意义。忍耐的精神与态度,是许多人得到成功的关键。

忍耐有时候被认为是软弱的投降行为,但是如果从长远来看,忍耐确是非常务实、通权达变的智慧。聪明的人都会在适当的时候忍耐,因为人要生存下去,靠的是理性的思考,而不是意气用事。世界上没有任何东西能够代替忍耐,失败与成功最大的差异就是忍耐。一个人如果1000次地被打倒,如果他能1001次地站起来,上帝也会发抖。因为忍耐到最后的,不一定是最优秀的,但一定是最坚强的。胜利的大门,始终为这样的人敞开。

右手做事：
全力以赴，做事就要做到完美

第七章

认真做事，认真踏实不浮躁

世界上最怕的就是"认真"二字，因为只要认真，就没有做不成的事，没有办不好的事。所以，善做事，就一定要认认真真，踏踏实实，杜绝马虎，远离浮躁。

1.

世界上最怕"认真"二字

世上万事最怕的就是"认真"二字。伟大的革命导师恩格斯曾经说过："谁肯认真地工作，谁就能做出许多成绩，就能超群出众。"毛泽东也曾说："做任何事情最怕认真。"无论你在工作中遇到什么困难，只要你拥有了认真这一法宝，就能够战胜它、获得成功。

胡适先生创作过一篇《差不多先生传》，讽刺了当时中国社会那些处世不认真的人。他写道——

差不多先生的相貌和你与我都差不多。他有一双眼睛，但看的不很清楚；有两只耳朵，但听得不很分明；有鼻子和嘴，但他对于气味和口味都不很讲究。他的脑子也不小，但他的记性却不很精明，他的思路也不很细密。

他常说："凡事只要差不多，就好了。何必太精明呢？"

他小的时候，他妈叫他去买红糖，他买了白糖回来。他妈骂他，他摇摇头说："红糖白糖不是差不多吗？"

他在学堂的时候，先生问他："直隶省的西边是哪一省？"他说是陕西。先生说："错了。是山西，不是陕西。"他说："陕西同山西，不是差不多吗？"

后来他在一个钱铺里做伙计，他也会写，也会算，只是总不会精细。十字常常写成千字，千字常常写成十字。掌柜的生气了，常常骂他。他只是笑嘻嘻地赔小心道："千字比十字只多一小撇，不是差不多吗？"

　　有一天，他为了一件要紧的事，要搭火车到上海去。他从从容容地走到火车站，迟了两分钟，火车已开走了。他白瞪着眼，望着远远的火车上的煤烟，摇摇头道："只好明天再走了，今天走同明天走，也还差不多。可是火车公司未免太认真了。八点三十分开，同八点三十二分开，不是差不多吗？"他一面说，一面慢慢地走回家，心里总不明白为什么火车不肯等他两分钟。

　　有一天，他忽然得了急病，赶快叫家人去请东街的汪医生。那家人急急忙忙地跑去，一时寻不着东街的汪大夫，却把西街牛医王大夫请来了。差不多先生病在床上，知道寻错了人。但病急了，身上痛苦，心里焦急，等不得了，心里想道："好在王大夫同汪大夫也差不多，让他试试看罢。"于是这位牛医王大夫走近床前，用医牛的法子给差不多先生治病。不上一点钟，差不多先生就一命呜呼了。差不多先生差不多要死的时候，一口气断断续续地说道："活人同死人也差……差……差不多，……凡事只要……差……差……不多……就……好了，……何……何……必……太……太认真呢？"他说完了这句话，方才绝气了。

　　《差不多先生传》以浅显生动的语言，因事见理的方式让人明白"差不多"的结果是"差很多"。现在看看我们周围，"差不多先生"并没有随着时间的流逝而消失，而是依然普遍存在。"差不多"现象可谓与日俱增。"差不多先生"每天按时打卡、准时上班，但是却没有及时完成工作；每天早出晚归、忙忙碌碌，却不愿精益求精……如此工作的结果是：工作马马虎虎，敷衍了事；产品送到客户手上，不是退货，就是索赔；企业失去客户，丢掉市场。所以说，"差不多"的结果是差太多。在我们的生活中，只有认真仔细才不会犯错误。认真做事不应该只是一种态度，更应该是做事必备的品质，应作为目标努力去实践。认真是一种伟大的力量，世界上任何伟大的成就，无一不是靠认真地工作换来的。认真是职场人士必备的成功要素，是一种工作的原则，是职业上最重要的实力体现。也许，我们从小就被教育"要认真学习，要认真工作"，不免对"认真"两字听得耳朵都起了茧。我们总以为很多事情都是可认真可不认真的。一不小心，敷衍的魔鬼就钻进了心里,我们会想:不过一件小事,没有必要太认真。殊不知,正是一次又一次的自我纵容,让我们与成功失之交臂。结果,那些看似天资平凡却肯认真做事的人超越了我们,而我们却在原地踏步。

　　1984年,张瑞敏接手海尔之后,面对七十六台质量不合格的冰箱,他抢起铁锤,砸碎了它们。他所砸碎的不仅是不合格的冰箱,更是不认真的态度。从此海尔树立了认真做家电行业品牌的态度,开始了认真抓产品质量的品质管理。通过砸碎不合格产品事件,海尔让人们知道了其认真对待产品质量的态度。在企业内部提升了职工的质量意识,在消费者心中树立了自己的信誉。海尔还坚守"顾客永远是对的"这个服务理念,恪守着永远认真为顾客服务的作风。一位农民来信说自己的冰箱坏了,海尔马上派人上门处理,还带着一台新冰箱。赶了二百多公里到了顾客家,一检查是温控器没打开,打开了温控器就一切正常了。海尔管理层还就此进行认真的反思:绝不能埋怨顾客,海尔必须满足所有人的需求,要把说明书写得让所有人都能读懂才行。正是海尔人这种认真的品格成就了海尔这个著名的品牌。

　　只有最认真的人,才能创造出最优秀的产品。同样,也只有最认真的人,才会有最卓越的成就。想实现伟大的理想,首先就要脚踏实地、认认真真地做好眼前的事。一个人如果对待每项工作都很认真,那么即使他处在世界上任何一个不起眼的角落,都终将脱颖而出。

　　所以,对每一个问题,我们都必须认真处理,精益求精。这需要我们有认真负责的态度,有对职业高度的热情,用心做。认真不仅仅是一种对待事业和人生的态度,一种职业精神,它更是一种重要的能力。一旦认真渗入进自己的骨髓,融化进自己的血液,你就能焕发出一种神奇的能量。社会发展越来越快,激烈的竞争对人的能力和素质提出了更高的要求。如果我们想提高自己的能力,就必须要把自己培养成一个认真做事的人。

2.

只要认真，就没有做不好的事

一提到成功，很多人就觉得那是非常不容易的事情，只有少数伟大的人物，成就辉煌的事业才是成功，大多数人是不可能取得成功的。其实不然，成功并没有人们想象的那么困难。成功有时很简单，就是认真做事。

五代后唐时连年混战，盗贼横行，民不聊生。当时长垣县有四个大盗，他们结伙偷盗，横行乡里，百姓们联合去县衙门告状，要求县里严惩盗贼，确保一方百姓平安。然而四个盗贼早就闻风而逃，衙差去了几次都扑了空。后来，这四个盗贼觉得长期逃窜在外，有家难回总不是办法，就决定用金银贿赂县衙官员，让他们帮着想办法开脱。

县衙之人见钱眼开，决定不予追究。但州府衙门追的很紧，州府官员孔循根据县衙和百姓们的上报，认为此案是一重大案件，四个盗贼必须正法，方能平民愤。所以孔循责令长垣县衙一定把四贼擒获，押解州府。不久，长垣县衙果然把四贼擒获，交到州府。孔循根据案犯罪行，决定就地正法，并亲自监斩。

孔循断案一贯认真。他每次担任监斩时，行刑前总要和犯人谈话，以免出现差错。这次他又和四个临刑前的盗贼谈话，问他们还有什么话说，但问了数遍，四个囚犯只低着头不吭气。孔循又说了一遍："你们所犯的罪行，死有余辜。本官现将你们押赴刑场处决，你们若不服气，可以申诉。但如果没有话说，就等到午时三刻人头落地了。"四个囚犯仍然不语。待刽子手押送他们出去时，四个囚犯却长跪不起，含泪望着孔循。孔循命押解人员退下，继续追问四犯。这时四个囚犯才说："我们冤枉啊，刚才狱卒用枷尾压住我们的喉咙，我们说不出话来。"孔循命随从们退下，四犯才敢道出实情。原来他们是穷苦百姓，正在大街行走时，被县衙抓去，严刑拷打，逼他们承认是盗贼，他们吃不住酷刑，只得屈招。

孔循下令，与长垣县同审此案。结果很快查出，真正的盗贼逍遥法外，现准备处决的四人乃是无辜百姓。是长垣县衙制造的一起冤案。孔循立即派人将四名真正的盗贼抓获，就地正法，并将四名百姓放出，又将长垣县衙收受贿赂的官吏们严加惩处。

由于孔循的明察秋毫，使得四个无辜之人的性命得以保全，而惩治了真凶，使人民的苦难结束。可见，工作最怕认真，认真是成功的基石。无论从事什么工作，只要你具备了认真的精神，一定会有所成就。认真，是职场人士必备的成功素质。也就是说，无论从事什么样的职业，你都应该尽职尽责地对待自己的工作。在工作的过程中，尽自己最大的努力来求得不断的进步。这不仅是一种工作的原则，也是一种做人的准则。

有位医学院的教授，在上课的第一天对他的学生说："当医生，最要紧的就是胆大心细！"说完，便将一只手指伸进桌子上一只盛满尿液的杯子里，接着再把手指放进自己的嘴中。随后教授将那只杯子递给学生，让这些学生照着他的做法来做。

看到每个学生都忍着呕吐，像教授一样把手指探入杯中，然后再塞进嘴里。教授看着学生的狼狈样子得意的要命，最后他微笑着说："哈哈，不错，不错，你们每个人都够胆大的。"紧接着教授又难过起来："只可惜你们看得不够心细，没有注意我探入尿杯的是食指，放进嘴里的却是中指啊！"

上面故事里的这位教授，其本来的意思是教育学生科研与工作都要注意细节，相信尝过尿液的学生应该终生能够记住这次教训。现在很多成绩优秀、智商过人的大学毕业生苦于找不到工作。很多已经找到工作的"职场新人"，苦于无法向企业证明自己的才能，甚至时常遭企业辞退。这当然是很可惜的！其实，无法展示自己才能的原因，就在于对待工作不够认真。很多年轻人都有心高气傲的毛病，觉得自己的工作太渺小，不值得太认真。然而，就在一次又一次不认真的自我纵容下，一次又一次放任成功的机会从身边溜走。

做事需要养成认真的习惯。在竞争越来越激烈的21世纪，即便是一丝微小的差异，也可能成为决定胜负的关键。凡是想成功的人，必须不断地超越合格，力争完美；超越优秀，力争卓越。而使人不断超越，以微小差异战胜一切竞争对手的，正是认真的精神。无论企业的生存发展，还是每个员工在职业生涯中自我价值的实现，都要求认真、认真、再认真，来不得半点敷衍和糊弄。

　　有一天，美国通用汽车公司的庞蒂克（Pontiac）型号的项目部门，收到了一封客户的抱怨信。

　　信是这样写的："这是我为了同一件事第二次写信给你，我不会怪你们为什么没有回信给我，因为我也觉得别人会认为我疯了，但这的确是一个事实。我们家有一个传统的习惯，就是我们每天在吃完晚餐后，都会以冰淇淋当作饭后甜点。由于冰淇淋的口味有很多，所以我们家每天在饭后才投票决定要吃哪一种口味，等大家决定后我就开车去买。但自从最近我买了一部新的庞蒂克后，在我去买冰淇淋的这段路程中问题就发生了。你知道吗？每当我买的冰淇淋是香草口味时，我从店里出来后车子就发动不了。但如果我买的是其他口味，车子就很容易发动。我要让你知道，我对这件事情是非常认真的，尽管这个问题听起来很愚蠢。为什么每当我买了香草冰淇淋它就发动不了？为什么？为什么？"

　　庞蒂克的总经理对这封信心存怀疑，但他还是派了一位工程师去查看究竟。当工程师找到这位客户时，很惊讶地发现这封信竟出自于一位事业成功、乐观、且受过高等教育的人。工程师安排与这位客户的见面时间，刚好是用完晚餐的时间，两人于是一个箭步跃上车，迅速往冰淇淋店开去。那个晚上这家人的投票结果是香草口味,当买好香草冰淇淋回到车上后,车子又发动不起来了。之后,这位工程师又如约来了三个晚上。

第一晚,巧克力冰淇淋,车子没事。第二晚,草莓冰淇淋,车子也没事。第三晚,香草冰淇淋,车子又不能发动了。

工程师当然打死也不相信车子对香草过敏,但他仍然不放弃,继续安排相同的行程,希望能够将这个问题圆满解决。工程师开始记下从开始到现在发生过的种种详细数据,如时间、车子使用油的种类、车子开出以及开回的时间。最后,他们终于找到了答案。

原来,这位顾客买香草冰淇淋所花的时间,比买其他口味的冰淇淋要少一些。这也和这家冰淇淋店的内部设置有关。香草冰淇淋是所有冰淇淋口味中最畅销的口味,店家为了让顾客每次都能很快的取到,便将香草冰淇淋陈列在单独的冰柜里,并将冰柜放置在店的前端。至于其他口味的冰淇淋,则放置在距离收银台较远的后端。

现在,工程师所要解决的疑问是,为什么熄火时间较短,发动机就会出问题? 问题出在蒸气锁,因为等待的时间较短,引擎太热以至于无法让蒸气锁有足够的散热时间。据此,通用的工程师进一步改良了汽车的散热设备。

如果你是总经理,会把这样的抱怨信置之不理吗? 如果你是工程师,是否会当场断定,冰淇淋的种类和汽车发动毫无关系,当然,也就不会发现蒸汽锁出了问题? 不过是车子多发动两次而已,这在很多人看来,可能不是什么值得较真的问题,大不了少吃几次冰淇淋罢了,对大局不会有什么影响! 然而,在上面的这个案例中,情况却是不同的:认真的顾客对车子提出认真的抱怨,认真的工程师则对问题进行了认真的分析。这种对工作一丝不苟的态度,也正是通用汽车能成为世界上最大的汽车生产公司的原因之一。

现代社会,是个高度注重能力的社会。认真,才是 21 世纪的核心竞争力。一个人的能力再强,如果他不愿意付出努力,那他就不可能创造优良业绩。而一个认认真真,全心全意做好工作的员工,即使能力稍逊一筹，也能创造出最大的价值。只有养成认真的习惯，我们才能提高工作效率，才能充分展现自己的能力，才能在自己的职业生涯中获得成功。

3.

拒绝浮躁，踏实做事

现在整个社会都存在着一种浮躁心态，太多的人都急于求成。有人幻想着一日暴富，一夜成名；有人动辄大谈特谈宏观战略。还有些人则是只顾眼前利益，忽略了未来的发展。浮躁，使人如同无根之草、无本之木，总是找不到自己的位置。

有一位年轻人，学的是法律，却热衷于影视表演，经常梦想着自己登上银幕，成为众人追捧的大明星。可是，朋友们从没有见他试着进入影视圈。

于是有人问他："为什么你不去试试看呢？"

他说："我不愿和那些初出茅庐的小孩子竞争。我已经快30岁了，即使考进去，也不过是做个小小的配角，没什么意思。我要等有大公司找一部影片的主角，并且符合我的性格和戏路，我一去就会被录用，那才可以一鸣惊人。"

可是，世界上有几个这样幸运的人？结果，岁月蹉跎，年华老去，而这个年轻人的愿望仍只是个愿望。

由此可见，只是对愿望焦急慨叹是没有用的。要想实现愿望，唯一的捷径就是踏踏实实地做事。踏实做事是职场人士必备的素质，也是实现梦想、成就一番事业的关键因素，自以为是、自高自大是脚踏实地工作的最大敌人。李嘉诚说："不脚踏实地的人，是一定要当心的。假如一个年轻人不脚踏实地，我们使用他就会非常小心。你造一座大厦，如果地基打不好，上面再牢固，也是要倒塌的。"

五年前，小刘还在一家营销策划公司工作。当时有一位朋友找到他，说他们公司想做一个小规模的市场调查。朋友说，这个市场调查很简单，他自己再找两个人就完全能做，希望小刘出面把业务接下来，他去运作，最后的市场调查报告由小刘把关。

这的确是一笔很小的业务，没什么大的问题。市场调查报告出来后，小刘也很明显地看出了其中的水分，但他只是随便做了些文字加工，就把它交了上去。

五年后的一天，几位朋友与小刘组成了一个项目小组，准备一块去完成北京新开业的一家大型商城的整体营销方案。不料，对方的业务主管明确提出对小刘的印象不好，原来这位先生正是当年那项市场调查项目的委托人。

小刘当时变得目瞪口呆，却也无从解释些什么。

这件事给了小刘很大的刺激，现在回过头来看，当时他得到的那点钱根本就不值一提。但为了这点钱，他竟给自己造成如此大的负面影响。

当今社会的浮躁和急功近利，有不少人每天都在想办法寻求成功的捷径，一行动起来，就尽可能地钻空子、占便宜，而不愿踏踏实实地按照正当的程序去做，白白地丢掉了成功的机会，也丧失了更多的自我发展的可能。有的人刚步入职场，就梦想明天当上总经理；刚创业，就期待自己能像比尔·盖茨一样成为富人之首。要他们从基层做起，他们会觉得很丢面子，甚至认为这简直是大材小用。尽管他们有远大的理想，但缺乏专业的知识和丰富的经验，缺乏脚踏实地的工作态度，注定也将一事无成。

轻浮、急躁，对什么事都深入不下去，只知其一，不究其二，往往会给工作、事业带来损失。戒急躁就是要求我们遇事沉着、冷静，多分析思考，然后再行动。如果站在这山看着那山高，干什么都干不稳，最后将毫无所获。只有把认真工作培养成为一种品质的时候，才能从工作中学到更多的知识，积累更多的经验。当然，这种认真工作的品质或许不会有立竿见影的效果，但可以肯定的是，当懒散敷衍成为一种习惯时，做起事来往往就会不成功。做着粗劣的工作，不但使工作的效能降低，而且还会使人丧失做事的才能。粗劣的工作，只能结出粗劣的果实。

　　大学毕业后，格林在一家保险公司做业务员。这是一项令人头痛的工作，因为很多人对保险业务员敬而远之，所以格林的工作开展起来很困难。办公室的其他业务员整天对自己的这份工作抱怨不停："如果我能找到更好的工作，我肯定不会在这里待下去。""那些投保的人，太可恶了，整天觉得自己上当了。"当然，这些人只能拿到最基本的薪水。

　　唯有格林和他们不一样。尽管格林对现状也不是很满意，薪水也不高，地位也不高，但是格林没有放弃，因为他知道，这样做与其说是放弃工作，不如说是在放弃自己。在这个世界上，没人能强迫你放弃自己，除非你是主动为之。格林还相信，努力是没有错误的，努力还会让平凡单调的生活富有乐趣。

　　于是，格林主动去寻找客户源。他熟记公司的各项业务情况，以及同类公司的业务，对比自己公司和其他同类公司的不同，让客户自己去选择。虽然一些人很希望多了解一些保险方面的常识，但是他们对保险业务员的反感使他们在这方面的知识很欠缺。格林知道这些情况后，主动在社区里办起"保险小常识"讲座，免费讲解保险知识。

　　人们对保险有了更多的了解，也对格林有了好印象。这时，格林再向这些人推销保险时，大家没有反感，反而乐于接受。格林的工作业绩突飞猛进，当然薪水也有了很大的提高。

格林的成功说明了这样一个道理：认真、努力地工作，再困难的事情也能完成。只有认真工作，才可能得到老板的重用，赢得升职和加薪的机会。

4.

不论什么工作都认真对待

传说古代西方有这样一位哲人,每当他听到人们夸奖某个年轻人天赋过人、前途远大时,他总会追问一句:"这个小伙子工作认真吗?他是否勤奋?他是否认认真真地对待自己的人生?"的确,在那位哲人的眼中,一个认真工作的青年,才是真正值得赞许的。当然,也只有碰上这样的青年,人们才应当对他的未来做些美好的预期。而那些不管有多大的才华却不认真的青年,总是无一例外地重复着那种无所建树、伤感遗憾的生活。

只有最认真的人,才能创造出最优秀的产品。同样,也只有最认真的人,才会有最卓越的成就。想实现伟大的理想,首先就要脚踏实地、认认真真地做好眼前的事。认真是个需要养成的好习惯,有了这种习惯,意味着你具备了职场竞争中最可靠的硬实力。

一家家具销售公司的经理吩咐三个员工去做同一件事:去供货商那里调查一下家具的数量、价格和品质。第一个员工5分钟后就回来了,他并没有亲自去调查,而是向下属打听了一下供货商的情况就回来做汇报。30分钟后,第二个员工回来汇报。他亲自到供货商那里了解家具的数量、价格和品质。第三个员工90分钟后才回来汇报,原来他不但亲自到供货商那里了解了家具的数量、价格和品质,而且根据公司的采购需求,将供货商那里最有价值的商品做了详细记录,并且和供货商的销售经理取得了联系。在返回途中,他还去了另外两家供货商那里了解家具的相关信息，将三家供货商的情况做了详细的比较，制定出了最佳购买方案。

第一个员工敷衍了事，草率应付；而第二个员工充其量只能算是被动听命；真正认真工作的只有第三个人。换个角度想一想，如果你是老板你会雇佣哪一个？你会赏识哪一个？如果要加薪、提职，作为老板你愿意把机会留给谁？所以，如果你想做一个成功的、值得老板信任的员工，你就必须认真工作。一旦把认真变成习惯，即使能力平平的人，也会焕发出令人敬畏的力量。

在做事时，认真是一种责任。每一个公司里，老板最看不上的是那些对工作不负责的人，最赏识的是那些认真负责的员工。因为那些抱着敷衍了事态度工作的人是不愿积极地面对生活、面对工作现状的人，他们既对工作不负责任，同时也是对自己人生不负责。认真是我们这个时代最可贵、最应珍视的品质之一。世界上的任何伟大成就，无一不是靠认真努力的工作换来的。

两位刚毕业的大学生到一家公司应聘采购主管，在应聘的全过程中，他们的经验和专业知识不分伯仲，各有千秋。最后公司的总经理决定亲自测试，他提出了这样一个问题：假如公司派你去市中心采购 360 个单价为 4.25 元的小本子，你需要从公司带多少钱？几分钟后。两人都交了答卷。

第一名应聘者的答案是 1570.5 元。总经理问："你是怎么计算的呢？"他的解释是："360 个本子，需要 1530 元，去的时候公交车费需要 2.5 元，午餐费 8 元。回来时由于带的东西太多，只好打车，估计得花 30 元。因此，最后总费用为 1570.5 元。"

第二个应聘者的答案是 1600 元，他的解释是："采购 360 个本子是要 1530 元，其他车费等就 70 元吧！"总经理听后笑了笑。然后收起他们的试卷，说："好吧，今天到此为止，明天你们等通知。"第二天，第一个应聘者得到了这份工作。

工作需要认真细致。作为一名采购人员，需要精打细算，能为公司节省 1 毛钱是 1 毛钱。绝对来不得半点马虎。因为把每个 1 毛钱积累起来，就是一笔惊人的财富。若是平时不注意这样的细节，那么这笔钱就会慢慢地流失。到时候受损失的是公司。第一名应聘者正是凭借高度的责任心赢得了总经理的认可。

任何一个时代，任何一种工作，都需要严格而彻底的认真态度。很多企业的倒闭，很多事业的半途而废，都是由于大家觉得没必要太认真。而很多有知识、有能力的人，他们总觉得自己没必要太认真，对什么事都只肯使出三分力气，完成任务了事，所以总是与机遇擦肩而过，碌碌无为地度过一生。所以，工作需要你认真一点。

5.

用心工作，把工作当成事业来做

"用心"这个词对每个人来说都是非常熟悉的，我们从小就被父母或老师教导，做事要用心。那么，到底什么是用心？在第五版的《现代汉语词典》中，给了用心这样两个释义：其一是形容词，形容集中注意力，多用心力；其二是名词，指怀着某种念头。在我们工作和生活中，将用心作为名词也许更为贴切些。念由心起，不管萦绕于心的那个念头是什么，它始终与心紧紧缠绕在一起。也就是说，心在念头就在，别人可以阻止你做什么，但没人能阻止你想什么。只要保留住这个念头，就如找到深水的源头，任由外面干旱少雨，源头也不会枯竭。有了心的参与，念头会格外清晰。做任何事都会围绕着这个念头，一言一行、一举一动都散发着生命力的气息，从中都能听到坚强有力的心脏跳动的声音，这就是用心。

北宋时期著名的书法家米芾，自幼喜欢书法，但苦于一直没有突破性的进展。后来，他听说村里来了个书法很好的秀才，于

118

是跑去请教。

秀才拿本字帖给他说："向我学写字，必须用我的纸。"

米芾说："一定照您的指示去做。"

秀才说："但是我的纸非常贵，要五两银子一张。"

由于纸张很贵，米芾只是用手指在桌面上来回照着写来写去，久久不肯下笔。秀才知道了，责问："不写如何练书法？"

米芾就非常用心地写下了一个字，结果写出来的字比字帖上更有力量。

秀才说："以前你写字总是不能用心。这次由于纸张很贵，所以你就很用心地去思考，然后再落笔。现在，你已经突破了你自己，将来定能成为个大书法家。"

用心工作的态度，会为一个人既定的事业目标积累雄厚的实力，也才会给公司和老板带来最大化的利益。所以，在每一个公司里，用心做事的员工是老板比较青睐的。世上无难事，只怕有心人。每个人都能做得好一点，用心一点，用力一点，推进我们个人工作和成长，我们将会有一个跨越。每一个人的跨越必将会成就企业和社会的更大跨越。

王刚是个农民工，两年前经老乡介绍来到北京一家工厂做仓库保管员，虽然工作不繁重，无非就是看看大门，关关门窗，注意防火防盗等等，但王刚却十分认真负责，他不仅每天做好来往的工作人员提货日志，将货物有条不紊地码放整齐，还一有空闲就对仓库的各个角落进行打扫清理。两年下来，仓库居然没有发生一起失火失盗案件，其他工作人员每次提货也都会在最短的时间里找到所提的货物。

对于王刚做的工作老板看在了眼里、记在了心里。在工厂建厂10周年的庆功会上，老板按老员工的级别亲自为王刚颁发了5000元奖金。好多老员工表示不理解，王刚才来厂里两年时间，凭什么能拿到这个老员工的奖项呢？

老板看出了大家的不满，于是说道："你们知道我这两年中检查过几次咱们厂的仓库吗？一次没有！这不是说我工作没做到,其实我一直很了解咱们厂的仓库保管情况。作为一名普通的仓库保管员,王刚能够做到两年如一日的不出差错,而且积极配合其他部门人员的工作,对自己的岗位忠于职守,比起一些老职工来说,王刚真正做到了认真负责,我觉得这个奖励他当之无愧!"

工作中多用心一点,就能得到意想不到的机会。在工作上只有用心,才能有动力去一丝不苟、尽心尽力地完成自己的本职工作,并将自己工作做得非常出色。只有尽心尽力,你才能将你的本职工作完成得更加完美;只有尽心尽力,才能在企业中凸显你的价值。

　　2010年7月21日,在全国组织系统深入开展创先争优活动视频会议上,一位来自浙江省玉环县委组织部普通的组工干部——杜洪英,说出了一句让大家感动的朴实话语:"把本职工作做好同样是进步"。这是一位既普通又不普通的组工干部,普通的是她所从事的档案工作,不普通的是她一干就是31年,并且干出了不普通的成绩。我想,更不普通的是,她有着超越一般人的精神境界,让李源潮部长都感叹的境界。

　　杜洪英生于1957年9月,祖籍山东。父亲是一名南下干部。两岁时,她随着因公致残的父亲迁回山东。1979年上半年,杜洪英从山东只身来到玉环县委组织部担任档案员,至今已31年。一名普普通通的档案员,成了数千万党员的优秀代表、全国组工干部的学习榜样。朴实之中有华章,平淡之中见精彩。杜洪英的可贵之处,正是她在平凡岗位上作出了不平凡的贡献。她曾先后获得全国人事档案工作先进个人、浙江省档案保密工作先进个人、省优秀组工干部和省市优秀党员等荣誉称号,并享受省级劳模待遇,2009年10月当选全国"三八红旗手"。

　　起初,杜洪英觉得管档案挺无聊,但老部长一句话提醒了她,并从此成为她的岗位信条:"人事档案不仅是一叠叠纸张,每个干部的过去、现在都在这里,里面的一字一句关乎他们的前途和命运。"当时,杜洪英发现部里的档案就散放在几十只旧的木箱子里,有的见头不见尾,有的见尾不见头,翻一翻,没有几份是完整的。看到这一大堆残缺不全的档案资料,杜洪英暗自叹了口气,下决心把它们全部补全。

但补齐档案材料,谈何容易!没办法,杜洪英一个乡接一个乡跑,一个单位接一个单位找。"补齐这6000多份材料,实在是不容易。"杜洪英说。对玉环人来说,出门坐船是家常便饭,但对自己这个北方人来说,到鸡山、海山等海岛去,坐一趟船就是遭一趟罪。"一坐上船,我就开始吐,最后连黄胆水都吐出来了。同事们见状,纷纷劝我别再出门,材料由乡镇干部带上来好了。"但杜洪英坚决不肯,这倒不是她不相信别人,只是考虑到一些材料甄别,只有自己亲眼所见后才更加放心。杜洪英说,在档案材料鉴定方面,她认为还是保守一些更为妥当。就这样,杜洪英白天下乡收集,晚上剪贴归档,用了3年时间,终于把全县6000多份干部档案全部收齐,还救活了大量"死"档案。

在同事眼中,杜洪英对档案管理的认真劲儿,甚至可以用"苛刻"来形容。有一次,省里派人到玉环检查档案,在一份档案夹缝中发现一枚订书针,杜洪英紧张极了,竟将6000多份档案翻了个遍。

"还好,没有发现第2枚订书针。档案纸像婴儿般稚嫩,要格外小心,万一订书针生锈,会影响到档案里的内容。"

在档案室,杜洪英担心的,又何止是订书针——进去查档案必须换拖鞋,以免把鞋底的湿气和灰尘带进档案库;查档案不准喝水,免得不小心沾湿纸张;室内温度和湿度严格控制,以防档案变潮发霉……

杜洪英总是说,档案工作看似平凡,但出点差错就是大事。1983年,玉环有一批转干的企业领导因为单位转制,没来得及填写干部履历,导致应补档案缺失。杜洪英发现后,马上主动着手补救,四处联系单位,为这些人办齐了证明函。10多年后,这些老同志要办退休手续,却发现自己的干部身份没有明确,要到市里上访。杜洪英得知情况后,连夜翻箱倒柜,找到证明函,平息了一场风波。

查档案费时是档案部门的一个"老大难"问题。通过不断摸索，杜洪英摸索出了"姓氏笔画编目法"、"单位分类法"、"四角号码编目法"等办法。凭借这些方法，查档案的人几分钟之内就能找到自己想要的材料。由于简便易行，这些方法已得到了省委组织部的充分肯定和推广。

工作的31年里，玉环县委组织部先后换了12任部长，许多同事都被提拔到领导岗位，而杜洪英还是一名普普通通的档案员。组织部领导多次想把她转岗到待遇好点的单位或提拔到领导岗位，她几经考虑，最终放弃了。因为，她要坚守自己的岗位，坚持与无言的卷宗为伴，坚持把档案工作就就业业做好。她对大家说，事业远比身份重要。任何一种工作，只要做好了，得到大家肯定，就是最好的奖赏与荣誉。

一台机器的运转需要各个部件的有机配合，一件工作的完成也需要不同岗位员工的共同努力。工作只有分工不同，没有贵贱、轻重之分。杜洪英同志的事迹告诉我们，只要你用心、用力，看似默默无闻的本职工作，同样能干出一番成绩。

用心承载着能力，一个用心工作的人，才有机会充分展现自己的能力。用心不仅可以使人发挥自己的潜能和能力，用心还可以改变对待工作的态度，而对待工作的态度，决定你的工作成绩。这就是工作的游戏规则。也许它看起来是残酷的，但正是这种绝对的公平，给了你成功的可能性。你只要比别人多付出哪怕并不太多的努力，比别人稍微多吃些苦，就会得到更好的结果。

第八章
勤奋做事,努力苦干不偷懒

　　任何一个对人类有贡献的人,都认为勤奋是做人的根本。能有好的工作、好的收入,没有别的办法,就是靠勤奋。妄想不劳而获的人大都不承认勤奋是做人的根本,而要靠别的方式去获取名利地位,以致走上犯罪的道路。无数事实证明:成功的捷径是勤奋。

1.

天道酬勤，一勤天下无难事

　　勤奋的人才有可能成功。当有人问鲁迅先生为什么能在文学上取得如此大的成就时，鲁迅先生说："我没有什么天分，我不过是把别人喝咖啡的时间用来读书、写书罢了"。这就是成功的秘籍。它告诉我们勤奋的重要性。如今在一些人眼里，勤奋是一种过时的东西。他们认为在现代社会需要的是头脑和机遇，只要两者兼备便可以轻松成功。这种认识显然是错误的，因为无论在任何时候做任何工作，勤奋都是不可或缺的必备条件。

　　张莉与冯晓来自贫困山区，大学毕业后同时进入一家企业工作，月薪1800元。她们都非常珍惜这份来之不易的工作。一次，企业为推广新品上市，派她们到市中心地段向市民做宣传，派发宣传单。冒着35℃高温，头顶烈日，她们来到了人流量集中的商业步行街。

　　冯晓针对企业所开发的新产品所适合的人群，不停地向路人进行解说，递发DM单，诚恳地邀请他们到企业指定的地点去参观，体验新产品给他们带来的愉悦。张莉却打着小花伞，站在树荫下，向途经身边的人发放。

　　下午时分，看到张莉身边还有许多DM单，冯晓主动上前准备帮她发放。张莉则将剩下的资料扔进了路边垃圾箱。

　　张莉说："你何必这样认真？发了多少领导又不知道。全部发完，公司又不会给我们增加工资！"

　　冯晓说："公司的新产品只有让老百姓知道了它的用途、性能，能满足他们的需求，他们才会购买。"

　　于是，冯晓不顾张莉尴尬的表情，从垃圾箱里拣出了资料。后来，随着企业的发展，冯晓从一般职员提升到部门经理岗位，工资也从1800元涨到8000元。

　　离开了勤奋努力的精神，再天资聪明的人也不会成功。一个人的进取与成才，环境、机遇、天赋、学识等外部因素固然重要，但更重要的是依赖于自身的勤奋与努力。缺少勤奋的精神，哪怕是天资奇佳的雄鹰也只能空振双翅；有了勤奋的精神，哪怕是行动迟缓的蜗牛也能雄踞塔顶。成功不单纯靠能力和智慧。更要靠每一个参与者的忠诚、敬业和勤奋。只有坚持不懈地付出努力，才是取得成功的不二法门。在文艺界、在体育界、在商界、在政界……这都是永恒的真理！

　　大家都知道刘德华，论唱歌他没有张学友那动人的歌喉，比电影他没有梁朝伟那精湛的演技。但是，他却用最美的精神感召力征服了亿万的歌迷和影迷，那就是他的勤奋。17岁的刘德华刚步入娱乐圈时，他只能算是浩瀚大海中的一滴水，寂寞夜空中的一颗星，平凡而普通。从演小配角开始，摸爬滚打，对于一个没有背景、没有靠山的人而言，除了勤奋，别无选择。

　　刘德华开始学唱歌时，是一片倒彩声；在尝试写歌词时，前辈断言他文理不通，应该先去中文系学几年再说。即使唱红之后，依然有电台老板评论他根本不懂唱歌，也没有唱歌的天分。别人花一个小时能做成的事，他需花三个小时才能做成。然而，通过坚韧不拔的执著和努力，这个"笨小孩"最终成为香港"四大天王"和"十大杰出青年"之一。直到现在，他的歌依然唱得火红，演电影也是一流水平，是演艺圈里不可多得的"常青树"。

　　刘德华自己说，他最大的特点就是勤奋，下的工夫比别人多三倍，才能和别人一样。他能成功而别人不能成功？除了他的天赋、运气之外，最重要他是娱乐圈里著名的"劳模"，有"劳模刘铁人"之称，还有一个"刘十二"的外号，因为他一年拍了十二部电影。到现在为止,他已经拍摄完成电影 130 多部,上世纪 90 年代,他曾连续 3 年蝉联香港最受欢迎男歌手奖,巅峰时其一张大碟中有 3 首歌打入年度劲歌十大金曲,创下香港乐坛史上绝无仅有的惊人纪录;曾 4 度摘取香港乐坛四台联颁传媒大奖,5 度获封香港最受欢迎男歌手,7 度荣获亚太地区最受欢迎男歌手,至今这 3 项纪录仍无人能破;在 2001 年他以 101 部电影、292 个奖项、近 200 场演唱会、2000 万张唱片销量进入吉尼斯世界纪录。

　　作为一个成功的艺人,刘德华不管在什么年代总能拥有大批的歌迷。时世变迁、人事沉浮,刘德华在娱乐圈也是几次的沉浮,但是无论面临怎样的处境,刘德华依旧保持着他的最佳笑容,总不会让大家失望,他的歌曲也总是蕴含了慰藉人心的力量。而他的财富,几乎和他的绯闻一样少之又少,然而这么多年的一线打拼,足以让他富甲一方。和他的演艺之路一样,他的财富都是点滴的积累。这中间没有大起大落一夜暴富,也没有一丝的投机取巧,他游走于艺人与商人之间,有的是坚持与努力。他的个人财富不断攀升,同样阐述着一个颠扑不破的真理:勤奋注定成功! 直到现在,成就斐然的刘德华依然还在勤奋地工作,他自己说:我知道我年纪大了,有点过时了,但我认为自己还有存在的价值,所以我不会轻言放弃,而是继续走自己的路,使自己老有所为。

在今天这个充满机遇和挑战的社会里,要想让自己抓住机遇脱颖而出,就必须要求自己付出比其他人更多的勤奋和努力,积极进取,奋发向上,才能够达成愿望。在平凡岗位上辛勤工作的人是如此,在领导岗位上的人更是如此。勤奋努力与时代、与行业、与岗位都没有太大的关系,勤奋努力的工作精神更不会过时。到现在,甚至到将来,勤奋仍将是最被看重的职业精神。

2.

命运掌握在勤奋工作的人手上

古人说："勤能补拙是良训，一分辛苦一分才。"是的，没有人能依靠天赋成功。上帝给予了人天赋，勤奋将天赋变为天才。伟大的成功和辛勤的劳动是成正比的，有一分劳动就有一分收获，日积月累，从少到多，奇迹就可以创造出来。从古到今，有多少名人不是因勤奋而成功的？勤奋是走向成功的第一步。大量事实证明，勤奋是成功的重要保证。在这个世界上，投机取巧者是无法成功的，偷懒者更是永远没有出头之日的。

张艺谋的成功在很大程度上来源于他对电影艺术的诚挚热爱和忘我投入。正如传记作家王斌所说的那样："超长的智慧和敏捷固然是张艺谋成功的主要因素，但惊人的勤奋和刻苦也是他成功的重要条件。"拍《红高粱》的时候，为了表现剧情的氛围，他亲自带人去种出一块 100 多亩的高粱地；为了拍"颠轿"一场戏中轿夫颠着轿子踏得尘土飞扬的镜头，张艺谋硬是让大卡车拉来十几车黄土，用筛子筛细了，撒在路上；在拍《菊豆》中杨金山溺死在大染池一场戏时，为了给摄影机找一个最好的角度，更是为了照顾演员的身体，张艺谋自告奋勇地跳进染池充当"替身"，一次不行再来一次，直到摄影师满意为止。

1986 年，摄影师出身的张艺谋被吴天明点将出任《老井》一片的男主角。没有任何表演经验的张艺谋接到任务，二话没说就搬到农村去了。他剃光了头，穿上大腰裤，露出了光脊背。在太行山一个偏僻、贫穷的山村里，他与当地乡亲同吃同住，每天一起上山干活，一起下沟担水。为了使皮肤粗糙、黝黑，他每天中午光着膀子在烈日下暴晒；为了使双手变得粗糙，每次摄制组开会，他不坐板凳，而是学着农民的样子蹲在地上，用沙土搓揉手背；为了电影中的两个短镜头，他打猪槽子连打了两个月；为了影片中那不足一分钟的背石镜头，张艺谋实实在在地背了两个月的石板，一天三块，每块150斤。

在拍摄过程中，为了能达到逼真的视觉效果，张艺谋真跌真打，主动受罪。在拍"舍身护井"时，他真跳，摔得浑身酸疼；在拍"村落械战"时，他被打得鼻青脸肿。更有甚者，在拍旺泉和巧英在井下那场戏时，为了找到垂死前那种奄奄一息的感觉，他硬是三天半滴水未沾，粒米未进，连滚带爬拍完了全部镜头。

一个人缺乏工作经验及相关知识没有多大关系，只要把心态摆正，肯学习并全力以赴，绝对能够以勤补拙。汽车大王福特说："如果你们说一个人很有前途，那我必须质问一句：他努力工作吗？"他的意思就是只有一个勤奋的人才真正有前途。要想在这个人才辈出的时代里走出一条完美的职业轨迹，唯有依靠勤奋工作的精神去激励自己不断地进取，才能够实现人生的梦想。越在当今激烈竞争的时代，越是先进的、高尖的技术行业，越需要这种勤奋的精神。

马龙大学刚毕业，就进入到一家出版社工作，担任编辑工作。他的文笔很好，而且工作非常认真，从而博得了上司和同事们的一致好评。不过，出版社提供给新员工的薪水却比较低。工作了一段时间之后，薪水还是没有涨。于是，新员工里就有人抱怨道："原以为进入这家出版社能享受很好的薪水和福利，没想到薪水那么少！更气愤的是，都快一年了，社里都没有给我们涨工资的意思。"

不过，马龙并没有参与到这种私下里的抱怨之中。他只是埋头苦干，任劳任怨。因此，有人就笑他傻，领那么点工资，还那么卖命地去工作。但他每次都只是微微一笑，然后又投入到繁忙的工作中去。

当时，出版社正在进行一系列图书的编辑工作，每个人都被分配了不少任务。因此个个忙得不可开交。然而，出版社领导并没有增加人手的打算，所以编辑部的人也会被派往发行部去帮忙。不但新员工，就连老员工也对这个决定很不满。结果，整个编辑部只有马龙很乐意地接受了领导的指派，其他人都是去了一两次就开始找借口躲避不去了。

有人偷偷地问马龙："你整天被指派来指派去地干那么多活，却领那么少的薪水，要是我早就不干了。"马龙听后哈哈一笑，说道："多干事对我的成长只有好处，没有坏处。有付出就有收获。我觉得多做点事情更能锻炼我的能力。"

在这样的心态下，马龙一直坚持工作。很快两年过去了，和马龙一起进来的员工有的已经被辞退了，有的还在编辑部里，但薪水待遇并没有提升多少。马龙呢，他的薪水已经上涨了好几倍，并且担任了出版社编辑室的编辑主任。

勤奋是通向成功的必经之路。要想在这个时代脱颖而出，你就必须付出比以往任何时代更多的勤奋和努力，拥有积极进取、奋发向上的决心，否则你只能由平凡转为平庸，最后变成一个毫无价值和没有出路的人。那些成功者，那些做出了惊天动地大事的伟人，那些成就卓越的人，都有一个共同的特点，那就是勤奋。从来没有一次成功是不需经过勤奋努力奋斗而得来的，从来没有一个成功者是散漫懒惰的。因此，要成功，就要勤奋。

3.

多一份付出，才能获得多一份的收获

　　著名投资专家约翰·坦普尔顿通过大量观察研究，总结出这样一条定律："多一盎司定律"。他指出，中等成就的人与突出成就的人所做的工作量并没有很大差别，他们所付出的努力差别很小，如果一定要量化，那么可能只是"一盎司"的区别。确实，比他人勤奋一点点，多做一点点，不仅是企业对员工的道德要求，更是员工取得成功的前提。

　　安小姐是一家公司的秘书。安小姐的工作就是整理、撰写、打印一些材料。工作单调而乏味，很多人都这么认为。

　　但安小姐不觉得，安说："检验工作的唯一标准就是你做得好不好，不是别的。"

　　安小姐整天做着这些工作，做久了，发现公司的文件中存在着很多问题，甚至公司的一些经营运作方面也存在着问题。

　　于是，安小姐除了每天必做的工作之外，还细心地搜集一些资料，甚至是过期的资料，她把这些资料整理分类，然后进行分析，写出建议。为此，她还查询了很多有关经营方面的书籍。最后，她把打印好的分析结果和有关证明材料一并交给了老板。

　　老板起初并没有在意，一次偶然的机会，老板读到了安小姐的这份建议。这让老板非常吃惊，这个年轻的秘书，居然有这样缜密的心思，而且她的分析头头是道，细致入微。后来，安小姐的建议中很多条都被采纳了。

　　老板很欣慰，他觉得有这样的员工是他的骄傲。当然，安小姐也被老板委以重任。

"多加一盎司"就是比别人多做一点点，这其实并不难，我们已经付出了99％的努力，已经完成了绝大部分的工作，再多增加"一盎司"又有什么困难呢？但是，我们往往缺少的却是"多一盎司"所需要的那一点点责任、一点点决心、一点点敬业的态度和自动自发的精神。每天多做一点点，其实是一个简单的道理。在工作中，有很多东西都是我们需要增加的那"一点点"。大到对工作、公司的态度，小到你正在完成的工作，甚至是接听一个电话、整理一份报表，只要能"多做一点点"，把它们做得更完美，你就会获得数倍于"一点点"的回报。

实际上，"多一盎司定律"可以运用到社会生活的各个领域中，它是你走向成功的有效途径。例如，把它运用到高中足球队，你会发现，那些多做了一点努力，多练习了一点的小伙子成为了球星，他们在赢得比赛中起到了关键性的作用。他们得到了球迷的支持和教练的青睐。"多加一盎司"——谁能使自己多加一盎司，谁就能得到千倍的回报。每天多做一点对你并没有害处，也许它会占用你的时间，但是，你的行为会使你赢得良好的声誉，并增加他人对你的需要。你的老板、委托人和顾客会关注你、信赖你，从而给你更多的机会。今天种下勤奋的种子，总有一天会结出甜美的果实，最终受益的还是你自己。

当卡洛·道尼斯先生刚开始为杜兰特工作时，职务很低，而现在，他已经成为了杜兰特先生的左膀右臂，并担任了其下属一家公司的总裁。之所以能如此快速升迁，秘密就在于"每天多做一点点"。

翰林曾拜访道尼斯先生，并且询问其成功的诀窍。他平静而简短地道出了个中缘由：

50年前，我开始踏入社会谋生，在一家五金店找到了一份工作，每年才挣75美元。有一天，一位顾客买了一大批货物，有铲子、钳子、马鞍、盘子、水桶、箩筐等等。这位顾客过几天就要结婚了，提前购买一些生活和劳动用具是当地的一种习俗。货物堆放在独轮车上。装了满满一车，骡子拉起来也有些吃力。

送货并非我的职责，而完全是出于自愿——我为自己能运送如此沉重的货物而感到自豪。

一开始一切都很顺利，但是，车轮一不小心陷进了一个不深不浅的泥潭里，使尽吃奶的劲都推不动。一位心地善良的商人驾着马车路过，用他的马拖起我的独轮车和货物，并且帮我将货物送到了顾客家里。在向顾客交付货物时，我仔细清点货物的数目，一直到很晚才推着空车艰难地返回商店。我为自己的所作所为感到高兴。但是，老板却没有因为我的额外工作而称赞我。

第二天，那位商人找到我，告诉我说，他发现我工作十分努力、热情很高，尤其注意到我卸货时清点物品数目的细心和专注。因此，他愿意为我提供一个年薪 500 美元的职位。我接受了这份工作，并且从此走上了致富之路。

"付出多少，得到多少"是一条基本的社会规律，也许你的投入无法立刻得到回报，但不要气馁，一如既往地付出，回报可能会在不经意间，以出人意料的方式出现。除了老板以外，回报也可能来自他人，以一种间接的方式来实现。在工作中，有很多时候需要我们比他人每天多做一点点，工作就可能大不一样。尽职尽责完成自己工作的人，充其量只能算是称职的员工。如果你在工作中能多做一点点，你就可能成为优秀的员工。

无数事实证明：成功的捷径是勤奋。比他人多做一点点不仅是员工良好职业道德的一种体现，更是员工做事获得成功的秘诀。每天多一点努力的结果会使你最大限度地发挥你的天赋。多一点努力，便多一些成功的机会。每天多一点努力不是语言上的自我表白，而是行动上的真正体现。如果你能够真正做到这些，你就会在工作中脱颖而出。

4.

做事没有分内分外一说

中国话中代价最高的三个字就是:我没空! 没空的人要么只做别人交代的工作,要么做不好别人交代的工作,他们或者会成为被裁员的人,或者是在一个单调卑微的工作岗位上耗费他的终生。职场总会有许多事情可做,要不然也就不是职场了。而有些工作也许真的不是你的分内工作,可是这些难题的存在却阻碍着企业的前进,这种情况下,你无疑需要主动帮助解决这些难题,而不能坐视不理。

张杰刚开始进杜先生公司的时候,杜先生只是让他担任很低微的工作。但是,张杰现在已经是杜先生的得力助手,而且,他已经是杜先生手下的一家汽车营销公司的总裁。他之所以能够在很短的时间升到这么高的职位,是因为他提供了远远高出他所得的报酬更多的以及更好的服务,因此得到了杜先生的青睐。当他刚去杜先生公司上班的时候,他很快地注意到,当所有人都下班回家时,杜先生仍旧在公司工作到很晚才回家。因此,他每天在下班后也继续待在公司里继续看资料。没有人要求他留下来,但是张杰自己认为应该留下来,他认为自己这样可以随时为杜先生服务。

从那以后,杜先生在需要人帮忙的时候,总是发现张杰就在身边。于是他养成了随时招呼张杰的习惯。正是因为张杰总是自动地留在办公室,所以使得杜先生随时随地可以找到他,让他帮忙。最后,顺其自然,张杰获得了很多的机会,赢得了老板的青睐。

成功者往往是在做好本职工作之外，还要做一些分外的事情，甚至不同寻常的事情来培养自己的能力，引起人们的注意。日常工作中，我们常常会遇到这样的情形：领导或者同事有时会让你做一些额外的工作。这个时候你应该怎么办？不少人会以"这不是我分内的工作"为借口进行推托，最后即使是去做了，也是迫于领导的压力，或碍于同事的面子，但自己却心不甘、情不愿、气不顺。"这不是我分内的工作"，这话说起来很容易，但它却反映出一个人的做事态度。一个用心做事的员工是不会说这句话的，在他们眼中，工作不分分内分外。他们懂得一个道理：分内的工作是自己应该完成也是必须完成的，而分外的工作是自己在时间允许且完成了本职工作的前提下，能尽量去多完成的事。当然，分外工作说起来容易，但做起来难度不小。假如某一天，单位不止一位同事请假，部门紧缺人手，而所要做的工作却很多，在这一天你除了顺利完成自己当天的工作外，还要兼顾帮助其他同事做事，当然这是你的分外工作。这个任务虽然看起来很简单，而实施起来却颇为吃力，不但要耽搁你的时间，还需要费去你很多力气。不过，有责任感的员工都知道"我必须将它们都做好！"因为只有这样，企业或上司才会有机会知道你具有身兼多职的才能，而这也正是你在企业脱颖而出的关键。那些眼里除了自己工作外就没有其他事情要做的员工，又怎么能让企业或上司知道他有多大才干呢？又有什么资本为自己要求加薪呢？

徐晓琳是北京一家广告公司的行政部主管，但他在成为主管之前只是行政部的一名普通职员。三年前，徐晓琳一进入公司就非常努力。很多不是他分内的工作，他也主动做得尽善尽美。徐晓琳总是每天第一个到办公室，最后一个离开。虽然没有人承诺给他加班费，他还是经常加班，为的是不让工作拖到第二天。

因为徐晓琳做得多，对公司了解得多，掌握的技能就越多。他的表现，主管看在眼里，老板也看在眼里。慢慢地老板对他产生了信任，之后便交更多的任务让他去完成，并有意地让他参与公司一些重要会议。有同事对徐晓琳说："老板增加你的工作，你应该要求加薪。"但他没有要求加薪。他知道努力做好工作能让自己更快的成长。

老板给徐晓琳增加任务实际上是在考察和培养他。公司的行政主管由于是公司的元老，总是一副老气横秋的样子，自负傲慢又不肯承担责任，出了问题总为自己找一大堆借口。这使得老板非常的恼火。

经过一段时间考察和培养后，老板解聘了原来的行政主管，徐晓琳这个普通的职员取而代之。

人事命令一公布，整个公司议论纷纷，老板说出自己的看法："徐晓琳身上有一种最宝贵的东西，是我们公司所需要，却是很多员工所缺少的，就是勤奋和敬业。他的管理能力和经验还欠缺，学历也不高，但只要有勤奋和敬业就什么都学得到，我相信他一定能够胜任这个工作。"

看到与自己平起平坐的小职员做行政主管，原来那些说风凉话的人后悔不已："徐晓琳不就是多做了一点事，我也做得到啊！"但是这些人虽然心里后悔，可行动上却没有什么改变，他们依然消极被动、逃避推诿，这些人永远不可能成为企业的重要人物。

徐晓琳之所以能如此快速升迁，秘密就在于他工作起来没有分内分外一说。勇于承担分外的责任，才是正确的工作态度！而只对分内的事负责，只是一般的负责。一个人承担的责任越多，他彰显出来的价值就越大，所以他得到的回报就越多。一般说来，做个有心人，始终做到眼里有活并能将这些分外的工作做好，往往会使你成为企业的中坚力量，最终也会成为企业领导中的一员。

5.

勤奋不等于蛮干，方法更重要

爱因斯坦曾经提出过一个公式：W＝X＋Y＋Z。这里，W 代表成功；X 代表勤奋；Z 代表不浪费时间，少说废话；Y 代表方法。从这个公式中我们可以知道，正确的方法是成功的三要素之一。如果只有刻苦努力的精神和脚踏实地的作风，而没有正确的方法，是不能取得成功的。

小张与小黄毕业于某名牌大学企业管理专业，并同时进入一家中型企业。小张工作努力认真、踏实肯干，除了工作就是工作，他好像总有做不完的事，而且还常常自动留下来加班，天天工作到很晚才下班，但遗憾的是工作业绩平平。

小黄呢？如果用传统的"认真"来衡量，他则有些"不务正业"，他的想法和做事的方式都与众不同，从不墨守成规的他总是琢磨一些"懒办法"——别人两小时完成的，他就想办法争取一个半小时完成；相同条件下，别人做到 10 分的效果，他要努力做到 12 分……主管交给他的任务，他不但能完成得干净利落，而且效果都能令人满意。做完主管安排的工作后，小黄还经常主动向主管申请做一些额外的工作，而且工作之余他还经常主动去找同事、主管交流工作中存在的问题，很快就与大家建立了很好的工作和私人关系。

一年后，小黄得到提拔并被委以重任，小张则只获得象征性的加薪鼓励。这让小张心里非常不平，认为小黄工作没自己认真，而且还总是逢迎拍主管马屁，凭什么业绩考核反而比自己好?而且还受到公司的重用?自己为公司付出了那么多,反而落得竹篮打水一场空。他越想越觉得不好受,于是向总经理递交了辞呈。

现实中,类似小张这样的人并不在少数。人们习惯地认为"老黄牛"式的员工就是好员工。但事实上,"努力"工作的人并不一定会受到上司的赏识。即使你付出了百分之二百的努力,如果没有给企业带来实际的效益,要想得到老板的赏识也是不太可能的。在这个以效率为先、靠业绩说话的时代,努力工作固然重要,但更重要的是要用脑子,蛮干很难得到认可和赏识。

在企业里,我们常常看到这样一种人:桌上摆满了文件,总是一副日理万机的样子。他们看起来工作十分认真,也充满了热忱,从来不多休息。有时下了班,还要自动加班到很晚。他们以为这样做就能给老板一个好印象,他们认为要想往上爬就要付出这样的代价,这样才能得到大家的好评和老板的重用。而实际上,老板更喜欢能在有效工作时间内高效完成工作的员工,而不是那些由于工作效率低而不得不加班的员工。

江西有个工厂,由于产品质量问题,连续亏损了 17 年。后来改进了产品质量,工厂转亏为盈。但随着订货数量的加大,工人常需要加班加点。星期天加班不算,就连过春节,厂长还宣布不休息,发 40 元奖金作为补偿。这一措施引起许多职工的不满,尤其是单身汉,更是恼火。他们找到厂长,对厂长说:"你能不能积点德,我们好不容易找了个对象,你星期天不休息,也就算了,春节还加班,要是对象吹了,怎么办?"

厂长说:"我体谅你们的困难,但订货多,任务紧,你们说怎么办?"

工人说:"如果我们超额完成任务,你能不能给我们假日奖励。你们当领导的天南海北都跑遍了,让我们工人也出去开开眼。"

厂长采纳了这条意见,宣布只要完成任务,超额 30% 的给三天假期,超额 200% 的给两个星期假期。这个措施一宣布,中午吃饭,食堂人少了,带上两个馒头在车间吃;5点钟下班,你往外轰他也不走,他要超额。

为什么没有了加班费,工人的积极性反而高了呢?原因很简单,因为假日是他们最需要的。可见,找对方法就解决了问题。工作不是消极被动的"打工",也不是表面上的"完成任务"。工作的实质就是解决那些妨碍我们实现目标的各种各样的问题。因此,勤奋并不是要你一刻不停地工作,把自己弄得筋疲力尽。勤奋也需要讲求方法,劳逸结合。勤奋是将积极的工作态度与全身心投入的精神相结合,把自己的才能和潜力全部发挥出来,在最短的时间内创造最多的价值,这样才能提高效率,这样才能事半功倍。

一天,一家建筑公司的经理突然收到一份账单,账单上所列的东西不是任何建筑器材,而是两只小白鼠。总经理不由心生疑惑:公司买两只小白鼠干什么?他有些生气,找到那个买小白鼠的员工询问:"你觉得小白鼠很好玩是吗?你为公司买两只小白鼠到底要做什么?"

员工并不急于为自己辩解,而是问了经理一个问题:"上周我们公司去修的那所房子,电线都安好了吗?"

"安好了。"经理没好气地说,"你问这个干吗?快说你买白鼠的原因。"

员工答道:"我们要把电线穿过一根10米长但直径只有2.5厘米的管道,而且管道砌在砖石里,并且拐了4个弯。当时,小王和小李费了很大劲把电线往里穿,却怎么也穿不进去。后来我想了一个好主意,到一个宠物店买来两只小白鼠,一公一母。然后把一根线绑在公鼠身上并把它放到管子的一端。另一名工作人员则把那只母鼠放到管子的另一端,并且逼它吱吱叫。当公鼠听到母鼠的叫声时,便会顺着管子跑去救它。公鼠顺着管子跑,身后的那根线也被拖着跑。小公鼠就拉着电线穿过了整个管道。"

经理听了恍然大悟,惊喜万分,他想不到这个员工原来这么聪明。从此,这个员工就成了经理身边的红人,一直被老板重用。

做事不讲方法,只知道低着头一味蛮干,那只是在浪费时间和精力。我们要把每一分力气都用在它该用的地方,让每一分努力都有成效。而不是整天忙忙碌碌,跑来跑去,一副工作很忙、很努力的样子,但是实际上并没有取得什么工作成果。所以,员工不仅要在工作中做到双手勤奋,也要做到大脑勤奋,只有这样做,才是做事顺利。

第九章
聪明做事，机敏灵活不死板

　　通往成功的道路不是一条，变通做事是面对困境或难题时，善于转弯、另辟蹊径。变通不是恭维圆滑，而是一种方式的改变与尝试，无论什么时候都不应该忘掉变通的方式。变通做事让你在危难关头化险为夷，在生活中如鱼得水。变通做事，方能化解矛盾，硕果累累。

1.

随机应变，灵活做事

　　随着情况、形势的变化，掌握时机，灵活应付，这就是随机应变字面上的意思。随机应变，作为一种能力，一种应付各种场合、情况和变化的能力，这是人们最经常使用的方法之一。同样，它的目的也是为了保护自己，免遭羞辱或灾难。正因为随"机"应变，所以随时可能用以应付各种突如其来的事情。

　　有甲乙两个年轻人，他们一起去外地做生意。他们先到了一个生产麻布的地方，甲对乙说："在我们家乡麻布是很值钱的东西，不如用所有的钱买麻布，带回家乡去卖。"乙同意了。甲乙两人把买到的麻布捆绑在驴子背上。

　　接着，他们到达了一个盛产毛皮的地方，那里正好缺少麻布，甲对乙说："毛皮在我们家乡是更值钱的东西，我们可以把麻布卖了，换成毛皮！"乙却极力反对，甲只好把自己的麻布换成了毛皮。

　　他们到了一个生产药材的地方，那里急需毛皮和麻布，甲又对乙说："药材在我们家乡是更值钱的东西，你把麻布卖了，我把毛皮卖了，换成药材带回故乡一定能赚大钱的。"

　　乙依旧不肯。甲把毛皮都换成了药材，还赚了一笔钱。

　　后来，他们来到一个盛产黄金的城市，药材和麻布欠缺，但黄金很便宜。甲建议道："我们把药材和麻布换成黄金，这一辈子就不愁吃穿了。"

乙再次拒绝了。甲把手中的药材换成黄金，又赚了一笔。

到了家乡后，乙卖了麻布，利润很小，与其长途跋涉所付出的辛苦不成比例。而甲却成了当地的一大富翁。

甲乙二人的结局之所以会大相径庭，就在于乙不懂随机应变。一位著名的商人把随机应变列为自己成功的第一要素，他认为由于人们缺乏机智、不能随机应变而造成的错误与损失，不知道有多少。很多人因为缺少随机应变而糟蹋了自己的才能，或是运用自己的才能时不得其法。一个人即使才高八斗，如果他缺少足够的机智，不能随机应变、权衡利弊，不能在恰当的时候说恰当的话、做恰当的事，那么他就不能最有效率地表现自己的才干。对于一切事情都能随机应变、处置得当，这样的人才能利用适当的机会，做成任何事。

做事情需要随机应变。随机应变要求有反应灵敏的头脑，要求对外界发生的一切及时地作出适当的反应。人活一世，生存环境不断变迁，各种事情接踵而来，墨守成规、只认死理是无论如何都行不通的。而随机应变、机灵通达才是我们立足于世且能越来越好的做事法宝。

19世纪中叶，美国加州出现一股寻金热，许多人都怀着发财梦争相前往。当时，一个17岁的小农夫亚默尔也想去碰碰运气，然而，他却穷得连船票都买不起，只好跟着大篷车，一路风餐露宿赶往加州。

到了当地，他发现矿山里气候干燥，水源奇缺，而这些寻找金子的人，最痛苦的事情便是没水喝。许多人一边寻找金矿，一边抱怨"要是有人给我一壶凉水，我宁愿给他一块金币！"或"谁要是让我痛痛快快地喝一顿，我出两块金币也行"。

这些牢骚，居然给了亚默尔一个灵感，他想："如果卖水给这些人喝，也许会比找金矿赚钱更容易。"

于是，他毅然放弃挖金矿的梦想，转而开凿渠道、引进河水，并且将引来的水过滤，变成清凉解渴的饮用水。

他将这些水全装进水桶里或水壶里，卖给寻找金矿的人们。

一开始，有许多人都嘲笑他："不挖金子赚大钱，却要做这些蝇头小利的生意，那你又何必离乡背井跑到加州来呢？"

　　对于这些嘲笑，亚默尔毫不为之所动，他专心地贩卖他的饮用水，没想到短短的几天，他便赚了 6000 美元，这个数目在当时是非常可观的。

　　在许多人因为找不到金矿而在异乡忍饥挨饿时，发现商机而且善加运用的亚默尔，却已经成了一个小富翁。

　　我们知道，世界上的万事万物都是在不断发展变化的。环境在变，时势在变，事态在变，生活在变，人类每一个个体也都在变。要适应环境、时势的更迭，应付事态、生活的变化，就得学会随机应变之术。荀子曾说："举措应变而不穷。"能够随着时势、事态的变化而从容应变，是一个人立身处世、建功立业不可或缺的本领。尤其是现代社会飞速发展，生活千变万化，更需要人们学会应变、善于应变、精于应变。

2.

寻找巧妙方法，将困难化解于无形

　　在美国的企业中流行这样一句话："上帝不会奖励努力工作的人，只会奖励找对方法工作的人。"就像世界上出了锁以后必然有与之相应的钥匙一样，问题与方法也是共存的。找到方法，找对方法，在今天这样一个处处以结果说话、以事实说明问题的时代，已经变得至关重要了。对每个人而言，能够找到、找对方法已成为个人职业生涯中一项最重要的技能。

　　一位名字叫做杰克的商人，有一天，他告诉他的儿子："我已经为你物色好了一个女孩子，现在，你去娶她吧！"儿子回答说："老爸，我自己要娶什么样的新娘，由我自己来决定，不用你老人家来操这份心了。"杰克笑道:"呵呵! 但我说的这女孩可是比尔·盖茨的女儿哦!"儿子叫了起来:"啊? 如果是这样,我无条件答应!"

在一个聚会中,杰克跟比尔·盖茨说:"我帮你女儿介绍个好丈夫吧!"比尔·盖茨说:"杰克,别乱开玩笑了! 我女儿还小,暂时不考虑嫁人呢!"杰克又说:"但我说的这年轻人可是世界银行的副总裁哦!"比尔·盖茨大吃一惊:"啊? 这么个优秀的年轻人,我女儿可以提前可虑。"

接着,杰克去找世界银行的总裁,杰克很直接地说:"总裁,我想介绍一位年轻人来当贵行的副总裁。"总裁说:"我们这里已经有几十位副总裁,够多了! 我还准备裁人呢!"杰克说:"但我说的这年轻人可是比尔·盖茨的女婿哦!"总裁叫道:"啊? 那这样的话,叫年轻人先过来跟我聊一下吧!"

最后,杰克的儿子既娶了比尔·盖茨的女儿,又当上了世界银行的副总裁。

美国有位教授用了 10 年时间潜心研究一个问题——"如何帮助年轻人成为职场红人"。他对世界 500 强企业和各大政府机构进行调查研究,结果发现,所谓的职场红人,不一定有高人一等的智商、超越常人的交际能力,也不一定有卓越的领导技巧,他们之所以成为职场红人,靠的是善于找方法的思考能力,他们懂得运用自身拥有的一切资源,从而找对方法,做对事。这个时代需要的不是只会出力、不讲方法的人,而是靠智慧找到正确的工作方法的人。努力重要,选择对的方法更重要。

美国商业巨子哈默在中学的时候,就赚了自己的第一部小车。是怎么赚的呢?

有一次他逛商店时,看到一辆新车,市场特别流行,他非常想买,但是一看价格,他就傻了:185 美元! 这在当时可是工薪阶层半年的工资啊! 一个小孩哪有那么多钱呢? 但是他不死心,就去向哥哥借钱。哥哥不相信他能还得起,就不借,但是经不起他死磨硬缠,只好借给他。但是有一个条件,就是要哈默保证在两个月内如数还钱。

小哈默心里也没底,自己怎么能还上那些钱呢!但是,想到自己心爱的车,他还是咬着牙答应了!结果他没用两个月的时间,就把钱全部还上了。怎么还的呢?

原来买到车以后,哈默立即寻找赚钱的机会,他发现有一家百货商店,圣诞节期间招聘送货员,他想自己正好有一辆车,可以去送货。他想去试试!

可他去了那家商店,人家并不认可,一个中学生能送什么货啊?他灵机一动说:"如果我送得没有别人多,我就不要钱。"

老板被他的决心打动了,就决定给他一次机会。小哈默利用自己的勤奋,尽力发挥自己的优势,在同样的时间里,跑的地方比别人多,送的货物也比别人多。顾客都很喜欢这个年轻勤快的小伙子。

结果等圣诞节过去了,他整整赚了200美元。还了欠债,还剩下15美元。

一个我们普通人认为不可能做到的奇迹,被哈默这个中学生做到了。他肯定有着与我们不同的思维方式,现在就让我们来分析一下他的思路与我们有什么不同。

首先,在普通人的概念中,必须赚了钱才能去买车,没有钱是无法消费的。可是哈默就不同,他是先借钱买车,然后再挣钱还钱。这就是最大的不同,因为这个不同于常人的想法,使得他先于同龄人拥有了汽车。另外,在一般人的概念里,汽车就是一个单纯的交通工具,买车是为自己使用时方便,汽车在普通人看来,是奢侈的消费品,但在哈默眼里,它却不仅仅是交通工具,同时也是赚钱的工具。车买来后立即与商业进行结合,直接开着去赚钱。

由于勇于将解决问题的前后次序改变,哈默借钱买汽车,而敢于将事物的性质改变,哈默用代步的工具变为挣钱的工具。一个看来根本不能实现的奇迹,就这样被创造出来了!

方法决定成功,方法决定效率,方法决定速度。一个人成功与否在于他是否做任何事都力求最好的方法。成功者无论从事什么工作,他都绝对不会轻易疏忽工作方法。因此，在工作中就应该以最高的规格要求自己找到好方法。这样，对于老板来说，你才是最有价值的员工。

3.

善于把握时机，抓住机会好办事

世界上最可悲的一句话就是："曾经有一个非常好的机会，可惜我没有把握住。"遗憾的是，这种事情在很多人身上都发生过。其实，机会对我们所有人都是平等的，它有可能降临在我们每一个人的身上，但前提是：在它到来之前，你一定要做好准备。

小谢大学毕业后在一家贸易公司当了一名临时职员。从上班那天起，她就时刻提醒自己，一定要做一名合格的正式员工。为了达到这个目标，她认真全面地了解公司的目标、经营方针、组织结构、销售方式等，以便在以后的工作中能更准确、更有效地采取行动。她积极主动地向同事们请教问题，除了努力提高自己的技术能力外，在同事遇到问题或忙不过来时，在完成自己的本职工作后她就主动前去帮忙。在领导下达给那些正式职员一些任务时，她自己也主动完成一份，完全按照正式职员的标准要求自己。在结束一天的工作之后，她还常常不怕辛劳，准备好第二天要用的资料。对此，有的人总笑她太傻：那么辛苦干嘛，领导又看不见，太不值得了。面对这些，小谢总是一笑了之，从不辩解，只是继续做着自己认为应该做的事情。

半年后的一天，领导向办公室主任要香港会议上所用的资料。办公室主任有些慌了，他前两天给职员小张交待了一下，因为领导后天去香港，也就没催促他快点完成，现在好像还没做好呢。"临时有了变动,今天下午就要去的。还没准备好吗?我不是前两天就跟你说了吗?你自己想办法解决!"领导忍不住发了火。

正在办公室主任一筹莫展的时候,小谢拿出自己准备的那份资料交给了他:"我准备的,您看一下吧。"主任一看,比以前小张准备的还要整齐、全面,于是赶忙给领导送了去。"这是谁准备的?"领导看了看问。"一个临时职员,我看还非常全面。"主任连忙回答。"嗯,不错,能够提前做好准备,是个做事情的料。"看来领导很满意。

几天后,领导从香港回来,第一件事就是把小谢转为正式职员。现在,她已经是领导的办公室助理,协助领导打理生意上的很多事务。

在还没有得到这个职位以前就已经身在其位了,凡事比别人快一步,主动去做上司没有交待的事,并把这些事做好,这就是小谢获得提升的原因。

卡耐基曾经说过:"有两种人永远将一事无成,一种是除非别人要他去做,否则,绝不主动去做事的人;另一种则是即使别人要他去做,也做不好事的人。那些不需要别人催促就会主动去做应该做的事、而且不会半途而废的人必将成功。"

工作中唯有那些积极主动,跑在别人前面的人才善于创造和把握机会,并能从平淡无奇的工作中找到机会。这个世界上一切美好的东西都需要我们主动去争取。机会经常属于那些跑在前面的人,因为只有走在别人前面的人才能有机会握到成功之手。人们经常谈论"机会"二字,有些人抱怨"机会"与自己无缘。其实机会很多,但机会不会自己找上门来,而是要去准备,去寻找。一个人对工作没有责任心,没有热情,从不投入精力去学习专业知识,不去了解行业动态,也从不努力去追求好的工作绩效,这样的人,当然不会为老板所青睐。

纽约的一个公司被一家法国的公司兼并了。公司新总裁一上任,就宣布了一个决定:公司所有员工都要进行法语测试,只有测试合格者才能留用。决定一宣布，几乎所有的人都着了毛，纷纷拥向图书馆。他们这时才意识到，不学习法语不行了。可是，有一位员工却若无其事，仍然像平常一样，下班以后就直接回家了。同事们还以为，他已经准备放弃这份工作了。但令所有人想不到的是，考试结果一公布，这个在大家眼中肯定是没有希望的人，却得了最高分。尽管他来公司时间不长，但他还是被公司破格第一批留用了。

原来，这个员工在大学刚毕业来到这个公司后，他看到公司的法国客户很多，但自己又不会法语，每次与客户的往来邮件或合同文本，都要公司的翻译帮忙。有时翻译不在或顾不上时，自己的工作只能被迫停止。因此他想，看来法语在这个单位很有用，是工作的一个基本条件，迟早要把法语作为考核和使用员工的一个重要条件。于是，他早早就开始了自学法语。这次最高成绩的取得，考试的成功，就是他提前学习的回报，是他早有准备的结果。

机会只给有准备的人，当机会出现在你的前面，不要犹豫，勇敢地伸出你的双手抓住它。人生成功的秘诀是当机会来临时，立刻抓住它。所以，作为一名员工要有承担责任的胆量，既然工作给了你这个机会，就要抓住，不要推脱。如果不敢承担责任，机会是不会主动找到你头上的，成功也一定不属于你。

王先生开了一家电脑公司，除了卖各种电脑软硬件、配件外，也帮客户组装电脑。一开始他的生意并不好，而且还因为不慎轻信朋友，有两万多货款无法追回。经过交涉，也只是抵了一批鼠标垫，共有两万多只。

一个破鼠标垫，随便到什么展览会上就可以拿几个，能有多少人买？两万只鼠标垫，怎么才能卖得出去呢？王先生就像手持鸡肋，食之无味，弃之可惜。生意越来越不好做，王先生只好闲坐着，看看报纸，或者玩玩电脑游戏。

有一天，王先生的一个朋友来玩，闲聊之余便坐在王先生的电脑前练习打字。这个朋友刚学会五笔输入法，一些字根还记不熟，翻书又麻烦，不由得说了句"要是字根就在鼠标垫旁边就好找了。"说者无心，听者有意，王先生突发奇想：要是在这批鼠标垫上印上五笔字型的字根表，也许会方便那些记不准字根的人。但如果卖不出去的话，他又要多贴印刷的成本。

想了想，他还是决定试一试。印上了字根表后，他到网吧、打字店、电脑培训班等处推销，果然卖了很多。一天，一个中年男子来到王先生的公司，看到了这种鼠标垫，询问了价格，说如果一个 1.2 元钱的话，他会买两万个鼠标垫。原来他也是一家电脑公司的老板，最近他的公司接了一个大单子，给一家全国联网的寻呼台作系统集成方案，这个单子很大，PC 机就要配两万台。寻呼台那方面要求，所用的 PC 机除了配齐常规的设置外，还特别强调每台 PC 机需要一个鼠标垫和一张五笔字型字根表。为此，这个中年老板走了好几个地方，就是没有合适的产品和合适的价位。今天看到王先生这里的鼠标垫上印着五笔字型字根表，真是喜不自胜。这下他可以两件事情当作一件办，两样东西用一样东西的价钱买回去，省钱又省事，真是打着灯笼也难找。王先生正好还剩差不多两万个鼠标垫，这笔生意就成交了。

机不可失，失不再来。犹豫不决、瞻前顾后只能犯下难以弥补的错误，留下永久的遗憾。在机遇面前，如果我们优柔寡断、犹豫不决，就会失去机遇。因为机遇是不等人的。世间让人感到可惜的就是那些不能决断的人。事情对他有利时，他不敢拍板，前怕狼后怕虎，这也顾忌那也犹豫。这种主意不定、意志不坚的人，既不会相信自己，也不会为他人所信赖，机遇更不会属于他。那些成功的人士，他们的成功得益于在机遇面前有果敢决断、雷厉风行的魄力。他们有时难免犯错误，但是，他们比那些在机遇面前犹豫不决的人强得多，因而他们成功的机会也大得多。

4.

借他人之势,成自己之事

俗话说得好:"好风凭借力。"一个人在事业上要想获得成功,除了靠自己的努力奋斗外,有时还要借助他人的力量才能事半功倍。

1929 年的一天,时任北平艺术学院院长的徐悲鸿去参观在北京举办的一个画展。宽敞的大厅里,尽是一幅幅装裱精致的画,令人眼花缭乱。由于不少作画者墨守成规、闭门造车,致使画面陈旧,毫无新意。徐悲鸿看了一会儿,感到很不痛快。忽然,一幅挂在角落里的画引起了徐悲鸿的注意。他仔细端详、品味着画面上那对虾,只见它体态透明,须尾舒展,生动逼真,笔法娴熟。这位观赏过许多艺术珍品的画坛大师立刻意识到,他发现了一位出类拔萃的艺术人才。当他得知此画的作者竟是一位年逾六十、木匠出身的老头儿时,不由得感叹一声:"我为这个怀才不遇的人感到惋惜,真没想到在角落里还藏着一位杰出的艺术大师啊!"这位国画大师就是齐白石。

没过几天,徐悲鸿就聘请齐白石任北平大学艺术学院教授,并亲自乘车接齐白石到校上课。一年后,由徐悲鸿亲自编辑作序的《齐白石画集》问世。从此,画坛又添一星。

经常可以看到这样的现象:由于人们所处机构的层次不同,便严重影响社会对自身的评估。处于声望较低机构中的人,尽管其才能或成果是一流的,却往往不能得到施展和承认。相反,在声望较高的机构中工作的人,可能其才能或成果是二流的,甚至是三四流的,但却容易人尽其才,被承认的机会相对要多得多。那么,我们怎样才能使自己的才华得以施展、成果得到承认呢?寻求权威、名人,他们身居上层,任居高位,他们的举荐、提携颇具分量。

在复杂的社会关系中,在各种社会关系构成的屏障面前,互相利用是人性的弱点,但它也是人类共同需要的心理倾向,而这正是"借梯登天"之计的实质所在。俗话说:"一个篱笆三个桩,一个好汉三个帮。"不懂得或不善于利用他人力量,光靠单枪匹马闯天下的人,在现代社会里是很难有大作为的。

　　20世纪90年代是科技巨富辈出的年代,甲骨文公司的董事长劳伦斯·埃利森就是其中的一位。1996年他的个人资产达70亿美元,被美国《财富》杂志评为美国第五巨富。2001年3月股市大跌,他的个人财富仍有421亿美元,是仅次于比尔·盖茨的第二巨富。

　　埃利森和他的公司取得大发展,很大一个原因是倚靠了IBM这棵摇钱树。埃利森1944年出生于美国,他是一个私生子,小时候他一直生活在母亲的姑妈家。因为缺乏读书天赋,他先后进了两所大学,都没拿到文凭。在伊利诺斯大学他因考试不及格而被校方除名,在芝加哥大学他未修满学分而拿不到学位。

　　尽管如此,埃利森却并没枉读大学。在芝加哥大学主修物理学时,他不但掌握了计算机编程技术,学会了操作IBM1401电脑主机,他还成了学校的兼职程序员。这些有用的知识和实践,为他日后"打江山"奠定了基础。

　　1966年夏天,埃利森去了一家研制数据库设备的小公司——精密仪器公司。在这个小公司里,埃利森被任命为系统开发部副总裁,这是他有生以来首次进入公司高层。

　　当时精密仪器公司研制的P1180数据设备很不理想,公司做出重大改进的决定,准备把它弄成图像式,这实际上是要改变它的程序。老板让埃利森组建项目小组,一向牛皮哄哄的埃利森这回却"谦虚"地说,他算不上一流的程序专家,恐怕难以完成此大事。无奈之下,公司决定对外招标,项目预算初步定在 230 万美元。埃利森见公司中计,心中大喜。

为把握住这次难得的个人赚钱机会,埃利森马上打电话给以前的同事迈因纳及另一位关系好的程序员奥茨,建议三人把这个项目包下来。1977 年 6 月,埃利森牵头的"软件开发实验室有限公司"(即 SDL)成立。此前通过埃利森的推荐,迈因纳已拿到了精密仪器公司的项目合同。埃利森表面上代表公司监督合同执行,暗中操纵 SDL 公司。

在 SDL 公司中,表面上迈因纳是总裁,奥茨为副总裁。埃利森没出面,但他的股份却占 60%,其余两人各占 20%。当他们完成这个项目后,赚到了第一桶金 230 万美元。不久 SDL 公司正式对外挂牌营业,埃利森也露出了他的董事长真面目。

在这个项目中,埃利森说他两头兼顾了,并没有坑害精密仪器公司。下一步怎么走? 埃利森和迈因纳、奥茨商量,他们觉得小公司要发展只有背靠"大树"才行。

当时在计算机行业的"大树",IBM 是首屈一指的。这个计算机行业的龙头老大,占领了大型计算机的大部分市场,很多软件公司都是围绕 IBM 的各种型号计算机来开发的。SDL 也想背靠 IBM 这个龙头老大来求发展。

如何才能攀上这棵大树呢? 埃利森他们发现了一篇发表在《数据库系统学报》上的论文《R 系统:数据库管理的关系式方法》,该论文的作者就是 IBM 的 R 系统小组的科学家。R 系统小组当时没有对这项成果保密,而以论文的形式公布出来。

埃利森等人如获至宝,他们认为既然你公开了论文及成果,利用你的成果也就不算剽窃! 三人一致同意把目标锁定在研究开发基于 R 系统的关系数据库系统,采用 R 系统小组的研究成果 SQL 语言系统来编制软件,这样就可以与 IBM 发生关联。

埃利森他们借助别人多年的研究成果,只花了几个月的时间就把第一版的数据库系统软件推出来了,该软件取名叫 Oracle,一上市就大受 IBM 用户的欢迎。由于 Oracle 产品在市场名气很大,为了扩大公司的知名度,后来埃利森干脆将"软件开发实验室有限公司"改名为 Oracle 公司,这就是后来硅谷有名的甲骨文公司。

在甲骨文公司效益最好的时期,埃利森、迈因纳等人日进斗金,早已成为超级富豪。从 1997 年至 2000 年,埃利森连续 4 年被《时代周刊》评为全球 50 位数字精英之一。回过头来看,他们倚靠 IBM 这棵大树上谋求大发展的决策是多么英明!

巧借他人的力量和威名以达到自己的目的,这是一种韬略。一个涉入社会生活的人,必须寻求他人的帮助,借他人之力,成就自己。在工作中,流行着这样一句俗语"借力成事",意即借助别人的力量成就自己的事业和人生。拿破仑曾经说过:"懒而聪明的人可以做统帅。"拿破仑所谓的"懒",实际上是指不逞能、不争功,能让别人干的自己就绝不动手的做事方法。他的话让我们明白,只有善于并勇于"借力"者,才能以最小的付出获得最大的收获。

5.

齐心协力,把难办的事尽可能办好

做人做事是需要技巧和智慧的。齐心协力,把难办的事尽可能办好,才能创造骄人的成绩。今天,无论你从事什么样的工作,处于什么样的环境,都无法脱离他人对你的支持,一个人无法完成所有的事情。因此,在职业生涯中,你经常会听到一个词:团队。可以说,随着竞争的日趋激烈,团队精神已经越来越为公司和个人所重视,因为这是一个团队的时代。无论是从公司发展还是从个人发展的角度看,你都不能脱离团队而且必须融入团队中去。有很好的团队合作,才能取得更大的成绩。

有一个犹太人在将死的时候被带去观看天堂和地狱，以便比较之后，能聪明地选择他的归宿。他先被带去看了魔鬼掌管的地狱。他第一眼看上去就觉得十分吃惊，在地狱里放着一张直径两米的圆桌，桌面上摆满了美味佳肴，包括肉、水果和蔬菜。围着桌子坐了一圈人，但是，桌子旁边的那些人，没有一张笑脸，也没有盛宴上的音乐或狂欢的迹象。这些人看起来很沉闷，无精打采，而且每个人都瘦成皮包骨。犹太人发现这里的每个人的手里都拿着一把两米长的叉子。按要求这些人只能用叉子取食桌上的东西。将死的犹太人看到，地狱里的人都争先恐后地叉菜，但是因为叉子太长不能把菜送到嘴里，所以即使每一样食物都在他们的手边，但结果就是吃不到，一直在挨饿，因此他们急得都快发疯了。

犹太人又去了天堂，天堂里的景象和地狱里完全不一样：同样是放着一张直径两米的圆桌，桌面上也摆满了美味佳肴，同样也是两米长的叉子，然而天堂里的人却都在唱歌、欢笑。这位参观的犹太人很困惑，为什么情况完全相同，而结果却完全不同呢？后来他看明白了：地狱里的每一个人都是在喂自己，但两米长的叉子根本不可能让自己吃到东西；而天堂里的每一个人都在用叉子叉菜喂给对面的人吃，同时自己也被对面的人所喂。因此，每一个人都吃得很开心。因为天堂里的人都懂得：帮助了他人，就是帮助了自己。换一种方式善待别人，能使自己和他人都快乐。

这个故事使每一个凡人都获得一种感悟：没有人能够不需要任何帮助而获得成功的。因为个人的力量毕竟有限，所有成功的人物，都必须依靠着他人的帮助，才有发展和壮大的可能。职场中要学会合作，才能办成大事。在当今社会生产中，团队越来越显示出了它重要的作用。面对社会分工的日益复杂化，个人的力量和智慧显得十分微不足道，即使是天才，也需要他人的协助。只要我们是一个企业的员工，只要我们是一个团队的成员，我们就应该团结协作、同舟共济，就应该为了实现企业、团队的共同目标和利益紧密协作,只有这样才能形成强大的凝聚力和整体战斗力。

篮球明星迈克尔·乔丹曾说过:"一名伟大的球星最突出的能力就是让周围的队友变得更好。"时代需要英雄,更需要伟大的团队。21世纪的竞争态势已经很明显,一个伟大的团队远远胜于英雄个人的作用。奥运会上梦之队的失利,NBA中巨星云集的湖人败给没有大明星的活塞队,就说明了这一点。不仅体育中的团队项目如此,现代社会中的商战也是如此。

在当今社会分工越来越精细的时代,每个人的能力往往都局限于某一方面,或者是几个有限的领域里。所以,要成功就必须告别单枪匹马的独干,善于借力和合作才能走得更远。也许有人认为,成功靠的完全是自己的努力,而不是别人。事实证明,光靠自己单打独斗,成功的希望实在是微乎其微。那些成功者之所以能取得成功,是因为他们总是在不断地与别人合作,不断地寻找可以帮助他们的朋友。

> 曾经有记者采访世界首富比尔·盖茨时问他成功的秘诀。盖茨说:"因为有更多的成功人士在为我工作。"
>
> 众所周知,微软公司使数以万计的雇员成了百万富翁。可鲜为人知的是,他们中许多人在取得了经济独立之后,仍继续留在微软工作。在某些人看来,这些百万富翁大概是发了神经。的确,大多数人认为,发财就等于取得了辞职的资格证书。但是,微软公司的百万富翁们并不那样认为。那么,是什么神奇的吸引力,竟使这些百万富翁不是因为自己经济的需要而如此卖命地工作呢?
>
> 答案只有一个,那就是完全超越了自我的团体意识。这种团体意识,已在微软公司生根发芽。微软人认为,他们不属于自己,而是从属于微软这个团体。董事长比尔·盖茨在谈到团队精神时,讲过这样一段话:"这种团队精神营造了一种氛围,在这种氛围中,开拓性思维不断涌现,员工的潜能得以充分发挥。"

事实上,每一个成功人士的背后都有一大批人在奉献。每一位知名企业家,幕后都有一个出色的团队;那些电影明星,身后都有制作团队;那些歌星,也都离不开音乐工作者和唱片公司的支持。这些人成功靠的不仅仅是自己的努力,更多的是团队的努力,所以有人说这是一个合作的时代。

《花样年华》的成功再次使王家卫的精品电影被世人所肯定,可是他本人在自传中再三肯定的却是他的摄影师、服装设计师和色彩调配师,称他们为三大将。是他们的帮助,才有变幻颇多的多角度镜头,才有了那么多漂亮的旗袍。他素以拍没有定型的剧本著称,靠的都是一时的灵感和表现的感觉,需要梁朝伟的配合,张曼玉的理解。因此,这部影片的成功,离不开这中间的任何一个因素,离不开所有人之间默契而紧密的合作,只凭王家卫一人是不可能去体现他的电影理念的。

一根筷子要让大家折断,想来不会太难,一根一根地分十次折断十根筷子,也是轻而易举的事情。但是要一次折断十根筷子,就不那么容易了。道理非常简单,就是团结的力量。团结是构筑成功的基础。成功者都深谙这个道理:成功是靠组织、靠团体,而不是靠个人。他们无论遇到任何问题,首先想到的肯定不会是自己单枪匹马地去解决,而是找他们的伙伴一起来商量,集思广益,博采众长。只有如此,成功才会变得更加容易。

第十章

细致做事，重视细节不粗心

在这样一个细节决定命运的年代，一件小事中会有无数个细节问题，那些看起来十分不起眼的小细节，往往蕴藏着深刻的大道理，在无形中影响着你的一生，改变着你的命运。所以，要把事情做好，就要将小事做好才能成就大事。

1.

注重细节，把小事做细

有位智者曾说过这样一段话，他说："不会做小事的人，很难相信他会做成什么大事。做大事的成就感和自信心是由小事的成就感积累起来的。可惜的是，我们平时往往忽视了它，让那些小事擦肩而过。"所谓小事就是一些在日常工作或者生活中重复运作的事情，或微不足道的细节部分。在现实生活中，大事都是由小事构成的。所以，无论做人做事，都要从小事做起。

南京有家百货公司的张经理召集四个厂家的营销员谈生意，谈完后出门时，两个营销员走在前面，两个营销员走在后面，其中有位营销员发现地上有一张废纸，觉得很刺眼，就拾起来放进纸篓里。当天晚上这位营销员接到了张经理的订货电话。

后来张经理告诉那位营销员其中的原因："公司经过对四个厂家的比较，你们的质量、信誉和服务好，特别是营销员的素质高，比如说那个拾起废纸的举动就打动了我。对一张废纸就能如此细致，服务客户自然也就更好了。"

我们生活的社会是由沙砾般的细节构成的，无论人们生活在社会的哪个阶层，首先面临的往往是细节小事，要成就大事，必须经历积小成大、积少成多、集腋成裘的过程。正如汪中求先生在《细节决定成败》一书中所说的："芸芸众生能做大事的实在太少，多数人的多数情况总还只能做一些具体的事、琐碎的事、单调的事，也许过于平淡，也许鸡毛蒜皮，但这就是工作，是生活，是成就大事的不可缺少的基础。"它精辟地指出了要想成就一番事业，要想把工作做好，必须从简单的事情做起，从细微之处入手。

美国标准石油公司曾经有一位小职员，名叫阿基勃特，他在出差住旅馆的时候，总是在自己签名的下方，写上"每桶4美元的标准石油"字样，在书信及收据上也不例外，签了名，就一定写上那几个字。他因此被同事叫做"每桶4美元"，而他的真名倒没有人叫了。

公司董事长洛克菲勒知道这件事后说："竟有职员如此努力宣扬公司的声誉，我要见见他。"于是邀请阿基勃特共进晚餐。后来，洛克菲勒卸任，阿基勃特成了标准石油公司的第二任董事长。

也许，在你看来，在签名的时候署上"每桶4美元的标准石油"，这实在不是什么大事。严格说来，这件不大的事还不在阿基勃特的工作范围之内。但阿基勃特做了，并坚持把这件小事做到了极致。那些嘲笑他的人中，肯定有不少人才华、能力在他之上，可是最后，只有他成了美国标准石油公司的董事长。

做任何事情都有规则，多数人都在按规则去做，但不同的人做同样的事情，却有成有败。失败的原因很多，归结起来都是某些环节出了问题，出问题的环节往往都是细节。细节是一个隐藏的幽灵，往往在我们不注意的时候向我们扑来，让我们功亏一篑。老子曾经说过："天下难事，必做于易；天下大事，必做于细。"然而，在工作和生活中，想做大事的人很多，但愿意把小事做细的人很少。看不到细节，或者不把细节当回事的人，对工作缺乏认真的态度，对事情只能是敷衍了事。这种人无法把工作当做一种乐趣，而只是当做一种不得不受的苦役，因而在工作中缺乏工作热情。他们只能永远做别人分配给他们做的工作，甚至即便这样也不能把事情做好。而考虑到细节、注重细节的人，不仅认真对待工作，将小事做细，而且注重在做事的细节中找到机会，从而使自己走上成功之路。因此，不管你在做着什么样的工作，别轻视你做的每一件事，哪怕是一件小事,你也要竭尽全力、尽职尽责地把它做好。

能把小事情顺利完成的人,才有完成大事的可能。

2.

越是小事越需要用心

工作中无小事,任何惊天动地的大事,都是由一个又一个小事构成的。任何细节,都会事关大局,牵一发而动全身,每一件细小的事情都会通过放大效应而突显其重要影响。忽视了任何一个细节,都会产生不可想象的后果。

一位管理专家到一家大企业参观,恰逢该企业正在搞二次创业,办公大楼的墙上还贴着二次创业的倡议书,它的开头是这样写的:在充满生机的新年里,我们公司出现了一个新气象:许多员工利用春节休息的时间总结去年经营的失误,思考企业的未来发展,员工的这种精神是非常难能可贵的,它为我们公司二次创业注入春的生机。我作为公司总裁,为公司有这样的员工感到骄傲。

原本是非常好的开头,却因骄傲的骄被错写成了"娇",一封鼓舞士气的倡议书由此落下了败笔,鼓舞士气的目的没达到,反而成了员工私下一个笑话。

令管理专家惊讶的是,"娇"这个错字在倡议书张贴出来当天就发现了,就是没有人去改。管理专家参观完该企业离开时,向企业办公室主任提起了此事。没想到办公室主任只是笑了笑说,"不就错一个字,没人注意到的。"

世间最睿智的国王所罗门说过，"万事皆因小事起"。小事情决定大趋势。单就小事而论，它不可能有多大意义。但如果用联系的观点来认识问题，常会发现一件小事往往引发重大的事情，或具有重大的意义。因此，我们必须改变心浮气躁、浅尝辄止的毛病，用心把小事做好。

在现实生活中，由于小事致失败的事情不少。火星气候轨道器是由 NASA 发射于 1998 年，用于探测火星全球气候的。1999 年 9 月，这个探测器抵达了火星，按计划它应该进入环绕火星的轨道运行，然而它进入火星轨道之后就消失得无影无踪，上亿美元打了水漂。

专家后来发现，探测器本身没有任何故障，只是相关人员犯了一个非常愚蠢的错误。探测器的承包商洛克希德·马丁公司设计探测器时使用的是英制单位，而 NASA 的喷气推进实验室操纵探测器进入火星轨道的小组使用的是公制。他们没有在这两种不同的单位之间进行换算，结果使探测器的轨道远远低于预定高度，当它进入火星大气层时，很快被烧毁。

忽视了一个简单的换算，造成了上亿美元的损失，足见小问题也是不容忽视的。有人认为，小事一桩，何足挂齿？有人觉得小事微不足道，不必用心去做。其实，一件小事往往可以折射一个人的心灵，一件小事往往可以看出一个人的行为习惯，一件小事往往可以赢得意想不到的成功！所以，千万不能因为事小就不去用心的对待。

过去在苏州一条街上有两家米店，一家是永昌米店，一家是丰裕米店。由于景气不佳，物价不断上涨，生意非常不好做，苦思之下，丰裕米店的老板想出了一个赚钱的点子。

有一天，老板把调秤的师傅请到家里，并把闲杂人等都支开。悄悄地要求师傅，把米店里的秤从一斤十六两，改成一斤十五两半，"你帮我改好了，我会给你一笔报酬。"

师傅立刻开始改秤。过了一会儿，老板有事先离开了，这时米店刚娶进门不久的媳妇走了出来。刚刚公公和师傅讲的话，在隔壁的媳妇都听到了,趁着公公离开了,她对调秤的师傅说:"师傅,真不好让我公公知道,老人家重视面子,若是让他知道他不小心说错了,会惹老人家不高兴。真不好意思,我公公年纪大了,有时有一点糊涂。他刚刚说的是请你把秤改成一斤十六两半,不是改成一斤十五两半,他说错了。请师傅把秤改成一斤十六两半,不要弄错了。还有,这件事给师傅添麻烦了,待会儿会再多给师傅一份报酬,这件事就请师傅多帮忙了。"

师傅一听,有两倍的报酬可赚,很高兴地答应了把秤改成了一斤十六两半。

之后,丰裕米店的生意愈来愈兴旺,大家口耳相传:丰裕米店卖米不但没有丝毫偷斤减两,甚至还会多给一点。一传十,十传百,上丰裕米店买米的顾客愈来愈多。

不久,同一条街上的永昌米店生意做不下去了,把店铺卖给丰裕米店,于是丰裕米店成为这条街上独占的生意,门庭若市,也不断扩展经营。

生意愈来愈好,丰裕米店的老板和全家人都很高兴。有一天全家人一起吃晚饭,老板喝了一点酒,心情特别欢畅,对全家人说:"你们猜猜看,我们家米店赚钱的秘密是什么?"

大家七嘴八舌说了一些原因,老板都神秘地笑而不答,最后才说:"你们都说错了,其实,我们是靠我们的秤发财的。"接着他把他私底下请师傅调秤的经过说了出来。

大家听了目瞪口呆。此时年轻的媳妇站了起来,说:"公公,我有一件事要告诉您,但请您千万不要生气。"媳妇这才说出她后来请师傅把秤改成一斤十六两半的经过。

最后她说:"公公,您说得对,我们是靠我们的秤发财的。大家都知道我们的秤是足斤足两,只多不少,在这样不景气的年头,我们还能做一点回馈客户的事情,让大家日子都好过一点。顾客们觉得我们是有良心的店家,是值得信赖的,所以愿意为我们转介更多顾客。我们虽然是薄利多销,但靠我们的诚实发财了。"

老板听了媳妇这番话,无言以对,默默走回自己房间,当天晚上都没再出来。

第二天早上，老板召集全家人，对大家宣布："我老了，不中用了。我想了一个晚上，决定把米店的经营管理权交给媳妇，从今天起，她就是米店的新老板。大家要听从她的指示。"并把所有账本、印鉴都交给了媳妇。

也许很多人会觉得，故事里这位媳妇很贤惠，很聪明，但其实她的贤惠或聪明，都来自于她的用心。作为一个嫁入夫家不久的媳妇，当时她旁听到公公要师傅改秤一事时，大可以睁一只眼、闭一只眼，毕竟公公才是米店的老板，她可以不必管那么多。但她想到的是米店未来长久的持续经营，而不只是做个表面上听话的乖媳妇，因此她不认同缺斤短两谋取一时利益，暗地里巧妙地改变了公公的决定。这是一种重视大局的眼光，也来自于她对夫家米店事业的尊重与看重。当你真正尊重、看重一件事，才会具有长远的眼光，也才会用心。她的处理方式也非常用心、细致。对改秤师傅，她并不点破公公的居心不良，而以委婉的说辞代替，不但保住了米店的声誉，也维护了公公的信誉。之后在全家人面前说明事情原委，她的态度也非常谦虚、合宜，虽然整件事其实是她的功劳、是公公的错误，但她一点儿也不居功，反而说公公说得对，我们是靠着秤发财的，再一次维护了公公的尊严。整个过程中，如果没有这位媳妇的用心：对米店事业的用心，对家族声誉的用心，对公公自尊心的用心，故事就不会有这样令人赞叹的正面发展。

每个人都渴望成功，但并不是每个人都能用心做事，这就是有人功成名就、有人却一事无成的原因。用心二字笔画很少，易写易读易懂，也很易做：只要诸事融入感情，带着那颗心去做，就没有什么难于上青天的事，而人生，也将因为用心而展示出无穷的生命价值。

3.

用做大事的心态来做每一件小事

职场中做好每一件小事，才能一步步走向成功。成功者的共同特点，就是能做小事情，能够抓住生活中的一些细节。不论什么事，实际上都是由一些细节组成的。一心渴望伟大、追求伟大，伟大却了无踪影；甘于平淡，认真做好每个细节，伟大却不期而至。这就是细节的魅力，是水到渠成后的惊喜。

一个年轻人，为他的总经理精心准备了能为公司带来巨额利润的策划书，尽管商务代表提醒他说策划书没有页码，但他认为自己已经编排得很好，绝对不会出问题。但结果是经理与客户的谈判失败了。后来他才知道失败的原因是他的策划书没有页码。一个客户在谈判的过程中不小心将策划书碰散了一地，因为没有页码而无法整理到一起，客户怀疑他们的工作态度，最后不欢而散。生意没有谈成，还给客户留下了不好的印象。

试想，如果这个年轻人打印上页码，或者将策划书装订在一起，最后的结果可能就是皆大欢喜了。一个优秀的员工，必须在细节上下工夫，对任何事都应认真细致，要将差不多、想当然的念头从脑海中永远剔除出去。一件小事的失误，一个细节的疏忽，会造成前功尽弃、满盘皆输的结果。工作中的大事都是由小事组成的，尤其是在我们提出大口号、大目标的时候，更不能忽略那些看起来微小的东西。要知道，细节决定成败。

一天下班之后，上司保罗正在超市闲逛着。这时，恰巧碰到新来的员工费迪南德·皮希拿着一张报纸全神贯注地在超市里找着什么。忽然，费迪南德·皮希看到了一套棒球用具，脸上立刻绽放出了笑容，连忙把这些棒球用具装到了购物车中。

保罗快步走上前去，轻轻拍了费迪南德·皮希一下："小伙子，什么时候喜欢上棒球了？"皮希先是一愣，随即不好意思地笑着说道："明天我要去拜访一个客户，我记得他无意中说过自己的孩子是一个棒球迷，所以刚才我就在办公室里琢磨都要买什么棒球装备。"保罗微微一愣，好奇地问皮希为什么在这种鸡毛蒜皮的小事上如此认真。

皮希认真地回答道："工作无小事，我的目标是让咱们公司的产品闻名全球，如果连一个客户的喜好都捉摸不透，那么怎么扩大市场呢？"这件事之后，保罗对皮希格外留意，通过观察，保罗发现皮希虽然因为进入公司时间比较短、客户比较少，但是他的客户对他都给出了非常好的评价。于是，保罗很快就给他安排了更加重要的工作。多年之后，皮希终于坐上了德国大众公司总裁的宝座。

只有将小事当做大事一样处理，才会做到最好，将来也才能担当起更重要的工作。虽然只是拜访一位普通的客户，但是皮希并没有丝毫慢待，因为他知道，自己的目标是赢得全世界的市场，所以必须研究好客户的心理，并树立好自己的企业形象，所以他在细节上做文章，自然得到了众多客户的好评。在现实的职场中，我们也要时刻提醒自己，不要因为只是一件小事就敷衍应付，要知道只有用做大事的心态将别人不在乎的小事做到最好，才能得到上司的赏识和提携，从而加大自己成功的砝码。

勿以善小而不为，勿以恶小而为之。有做小事的精神，就能产生做大事的气魄。因此，不要小看做小事，不要讨厌做小事。只要有益于工作，有益于事业，人人都应从小事做起，用小事堆砌起来的事业大厦才是坚固的，用小事堆砌起来的工作长城才是牢靠的。

大学毕业后，小郑应聘进入了一家广告公司。小郑充满了上进心和积极的工作热情,进广告公司的时候,他对自己严格要求,工作上精益求精,业绩尤为突出,比其他同事有着更好更高的发展前途。在自己的职业生涯中,他渴望自己能够早日实现自己成为一个广告名人的远大理想。公司领导也都十分欣赏他的这种志向,他们虽然认为小郑刚刚参加工作,还需要锻炼,但他聪明上进,志向远大,成长空间大,也不失为是一个可塑之材。

这个公司对刚进公司的人员有着自己的一套培养计划。他们要求新手必须一切从自己身边的小事做起,从最低的工作岗位做起,任何事情都要循序渐进地进行。没有多长时间,小郑想,如此一来自己何时才能实现梦想。于是,他就开始在下边自己直接进行高端设计,然后通过各种渠道来投递自己的作品,希望能够一鸣惊人,一步升天。可很长时间过去了,一切都石沉大海,杳无音信。但公司并没有因此而责罚他影响公司的正常工作,依然给了他很大的支持,并让权威人士给他做全面指导,让他离自己的理想也越来越近。小郑自己也十分努力,经常加班。但是,对于那些似乎是任何一个人都能胜任的任务来说,小郑依然是不顾领导的良苦用心,丝毫不放在眼里。接到的任务,紧赶慢赶就草草了事,继续去做那些所谓的大事。

经过了一段时间的熟悉,公司正式给员工分配任务,小郑接到的任务是给客户搞一个简单的封面设计,让客户对自己公司的水平有一个初步了解。但是,小郑去做的时候却蒙了,因为不懂技术,他做了近两个小时还没有完成,这时客户却突然提前来了,领导一看小郑还在摸索,就十分气愤地叫了一位有经验的设计师来替代他。那位设计师很快就把封面设计做了出来交到了领导手里。在设计师工作的时候,小郑本来应该认认真真地跟着虚心学习,但他却迫不及待地又跑回自己的办公室做起了自己的事情。此后,在工作中,小郑所犯的错误越来越多,有些错误甚至到了让人啼笑皆非的地步。而这些错误给公司造成了不好的影响,也造成了一定程度上的经济损失。最后,小郑不得不遗憾地离开公司。

初入职场，小郑大事做不好，小事又不屑去做，最终导致她与成功背道而驰，越走越远。这也是我们应该引以为鉴的。每一件小事都值得我们努力去做，小事能成就一个人，也能毁灭一个人。在职场中，有的人抓大放小，只关注大事，不关注小事；只注重宏观，不注重微观。须知，一些关键的细小的事情，如果做不好，就会影响整个大局，结果必定是小事不愿做，大事不能做；小事做不好，大事做不了。

因此，在职场中我们需要用做大事的心态做好每一件小事，只有认真做好每一件小事，并将每一件小事都看成大事来处理，才能够使自己的工作不断地得到改进，并最终达到一个新的高度，从而在竞争激烈的职场中赢得胜利。

4.

小事下工夫，才能成大事

随着现代社会的专业化程度越来越高，社会分工也变得越来越细。越来越多的人，都被要求做一些具体的事、琐碎的事、单调的事。比如，一台拖拉机有五六千个零部件，要几十个工厂进行协作生产；一辆福特牌小汽车，有上万个零件，需上百家企业协作生产；一架波音 747 飞机，共有 450 万个零部件，涉及的企业单位更多。因此，多数人都要干鸡毛蒜皮的事。这就是工作，就是生活，也是成就大事不可缺少的基础。

麦克是一家知名汽车生产公司的总工程师，他被派往日本与一家生产高档轿车的公司谈判合作事宜，为它们提供轿车及配件。如果谈判顺利，公司将获得巨大的经济效益。

日方派出副总裁兼技术部课长冈田先生前来迎接。冈田年轻有为、处事谨慎。在豪华气派的迎宾车旁，冈田亲自为麦克打开车门，示意请他入座。

麦克坐下后，便随手"砰"地关上了车门；声音特别响，整个车身都微微颤了一下。冈田不禁愣了一下，心想这也许是麦克的习惯。到了株式会社大厦前的停车坪里，冈田又亲自为麦克开车门，但麦克早已打开车门下车，又随手"砰"地关上了车门。这一次，比在机场上车时关得还要响，用的力也要重得多。之后，日方安排的考察、会议、谈判行程都令麦克非常满意，但麦克每次关上车门时总会发出重重的"砰"的一声。

冈田有些摸不着头脑，他不禁皱了一下眉，最后忍不住一边向麦克鞠躬，一边小心地问道："尊敬的麦克先生，是否敝社的安排有什么不妥，让您生气了？如果有，还望先生海涵。"麦克一脸真诚地回答："哦，不，冈田先生，您安排得非常周到细致。"

第三天，麦克关车门时依然又是一个重重的"砰"。这次冈田若有所思，他找了个借口丢下麦克，去了董事长办公室。冈田对董事长说的第一句话就是："董事长先生，我建议取消与这家公司的合作谈判！至少应该推迟。"

董事长不解地问："你这话从何说起？约定的谈判时间就要到了，这样随意取消是一件不讲诚信的事情。"冈田却坚持要求取消："我对这家公司缺乏信心，看来我们株式会社前不久对该公司的考察只不过是走了个过场。"董事长是非常赏识这个精干务实的年轻人的，听他这么说，便问："何以见得？"冈田说："在我陪麦克总工程师考察的这几天，我发现了一个很严重的问题。每次关车门时，他都用很大的力气，刚开始我还以为他是在发脾气，后来渐渐发现，这是他的习惯。麦克先生是这家知名汽车公司的高层人员，平时坐的一定是他们公司生产的好车。他习惯花很大力气关车门，是因为他们生产的轿车车门用上一段时间后就不容易关牢，易出现质量问题。好车尚且如此，一般车辆的质量就可想而知了……我们把轿车和配件交给他们生产，成本或许会降低不少，但这无异于砸我们自己的牌子！请董事长三思……"

董事长经过一番考虑之后，最终取消了与麦克所在公司的合作。

一个关车门的动作是那么的微不足道，很多人几乎注意不到这样的小细节，然而在冈田的眼里，它就反映了一个大问题，并通过进一步细致分析，揭示了这一习惯性动作背后可能隐藏的深层问题，从而帮助公司避免了可能遭受的重大损失。

老子曾说过：天下难事，必做于易；天下大事，必做于细。因此一定要注重细节、养成细节管理的习惯，忽视细节的代价是巨大的。一件小事的失误，一个细节的疏忽，会造成前功尽弃、满盘皆输的结果。世界上大企业的倒台，有许多不是因为大事情，而是在小事上栽了跟头。

我们总是倾心于远大的理想和宏伟的目标，总觉得那些微不足道的细小工作，就像秋天飘落的一片片树叶，渺小而没有声响。我们总是忽略了不该忽略的小事情、小细节，从而在接踵而来的一件件工作任务面前慌了神，忙于应付，焦头烂额。然而，就像盖大楼需要先有坚实、牢固的地基做支撑一样；做任何事情都需要以一点一滴的努力打下扎实的基础。一个不愿做小事的人是不可能成功的。要想比别人优秀，只有在每一件小事上下工夫。连小事都做不好的人，别指望他能做出大事业。

在工作中，严谨的工作态度是做好小事的前提，太多的人将目光投在能够满足虚荣心或是能够出人头地的大事情上面，认为工作中的许多具体事情是不值得做的小事情。其实，在日常工作中，几乎都是一些小事，不去做好小事，往往是人们失败的主要原因。小事是通向成功之门的关键。成功之门总是虚掩着，看你有没有能力发现并推开它。成败总在一瞬之间，将小事做好了，你只需轻轻一推，成功便在你眼前。

日本狮王牙刷公司的员工加藤信三就是一个非常好的例子。有一次，加藤信三为了赶去上班，刷牙时急急忙忙，没想到牙龈出血。他为此非常恼火，上班的路上仍是非常气愤。

回到公司，加藤信三为了把心思集中到工作上，便强迫自己把心头的怒气平息下去。他和几个要好的伙伴提及此事，并相约一同设法解决刷牙容易伤及牙龈的问题。他们想了很多解决刷牙造成牙龈出血的办法，比如，刷牙前先用热水把牙刷泡软，多用些牙膏,把牙刷毛改为柔软的狸毛,放慢刷牙速度等,但效果都不太理想。后来,他们进一步仔细检查牙刷毛,在放大镜底下,发现刷毛顶端并不是圆形的,而是四方形的。加藤信三想:"把它改成圆形的也许就行了!"于是他们着手改进牙刷。经过实验取得成效后,加藤信三正式向公司提出了改变牙刷毛形状的建议。公司领导看后,也觉得这是一个非常好的建议,欣然把全部牙刷毛的顶端改成了圆形。改进后的狮王牌牙刷在广告媒介的作用下,销路极好,销量直线上升,最后占到了全国同类产品的40%左右。加藤信三也由普通职员晋升为课长,十几年后成为公司的董事长。

牙刷不好用,在我们看来都是司空见惯的小事,因此很少有人想办法去解决这个问题,机遇也就从身边溜走了。而加藤信三不仅发现了这个小问题,而且对小问题进行细致的分析,从而使自己和所在的公司都获得了成功。透过加藤信三的故事我们反省一下自己,我们是不是总是倾心于宏伟的目标和远大的理想,总觉得那些微不足道的小事不过是秋天飘落的一片片树叶,没有声响?要知道,生活其实是由一些小得不能再小的事情构成的,一个不愿做小事的人,是不可能成功的。我们的祖先老子就一直告诫人们:天下难事,必成于易;天下大事,必做于细。要想比别人更优秀,只有在每一件小事上多下工夫。

5.

尽心尽力,把每一件小事都做到最好

很多人都不难发现,自己每天经历的工作和生活,都是由一件件琐碎的小事构成的。因为经历的小事太多,因为小事是那么的不起眼,甚至连探讨的价值都没有，很多人会忽略小事的存在。然而，就是在这些容易让人忽略的小事中，恰恰蕴藏着让人难以置信的力量和价值。无数的成功源于小事，无数的失败也源于小事。有位著名的企业家说过这样一句话："要想干大事，就要先把眼前的小事做到位。"这句话非常有道理，一屋不扫何以扫天下？如果你不愿意将眼前的屋子打扫干净，又怎么能去做大事情呢？

　　华特和米勒同为建筑学院的学生，毕业时他们同时被一家大型建筑公司聘用。华特和米勒非常高兴，因为他们被认为是建筑学院的高才生，很受老板的器重。但是让他们大吃一惊的是，上班的第一天，老板却安排他们俩去跟搅拌水泥的师傅一起学习。

　　面对老板的安排，自负的华特难以接受，心想：搅拌水泥有什么好学习的？不就是把沙子、水泥、石子、水等材料按一定的比例混合在一起，然后再倒进搅拌机吗？让我做这样的事，真是浪费人才。有了这样的想法后，华特搅拌水泥的时候漫不经心。

　　米勒与华特有不同的想法，他接到安排后，高兴地说："搅拌水泥一定很有学问，我一定要把它干好！"于是，他高兴地搅拌着水泥。

　　米勒在这件事情上的表现给老板留下了深刻的印象。在做好本职工作之外，米勒还经常把集体的事情做了，把眼前的事情解决掉，以方便大家。比如，早上来到办公室，发现垃圾没有倒，他会主动把垃圾倒掉，发现没水了，他会主动联系送水工。渐渐地，他得到了老板和同事们的认可，被老板委以重任。而华特由于心高气傲，不屑于做好眼前的小事，被老板解雇了。

　　工作无小事。其实很多眼前的事情都是小事，很多人不在意、不重视，甚至敷衍了事，能不做就不做，殊不知，这种心态是在糊弄别人，更是在糊弄自己。只有那些善于做好每件小事、善于做好眼前的事情的人，才有希望获得成功的机会。

张燕是老总的秘书,老总高兴的时候夸两句,不高兴的时候挨骂也是必然的。所以作为老总身边的工作人员要时时刻刻注意将事情安排周密。

有一次,张燕陪同老总去会客户,请示要不要把合同带上。老总说只是初次见面签合同还早着呢,带了也没用。张燕一想也对,但是离开办公室的最后一秒钟,她还是把事先准备好的合同和所有可能用到的资料装进了文件夹。

席间,客户不停地问这问那,甚至提及了打款事宜,看苗头很有意愿。老总在心里一个劲儿后悔没带合同,这时张燕微笑着从包里取出文件资料让客户更细致地了解公司产品,客户看了很满意。张燕又不失时机追问一句:"陈总,如果您对我们公司的一切都还满意的话,今天我们就可以签订合同,这样您还可以享受我们最后一天的优惠价格,而且像您这样的客户我们一定也会让您享受周到的售后服务。"

经过一番言语交错,客户同意签合同。这时张燕从文件夹中把合同书拿出来端放在客户面前,客户大笔一挥签下了两份合同书。事后,老总开玩笑地说:"小张啊,你可不是个听话的员工啊。不过你这种不听话应该作为案例在全公司提倡,哈哈哈……从下个月起,要财务部给你加三成薪水。"

因此,不要小看自己所做的每一件事,即便是最普通的事,也应该全力以赴地去完成。小任务顺利完成,有利于你对大任务的成功把握。任何惊天动地的大事,都由一个又一个小事构成,如果把每一件小事都做到做好了,就会把任何工作做好。

我们来看一个关于韩国总统李明博的故事:大学毕业后,李明博进了现代集团,在一个建设工程工地担任出纳员。不久,就被派往了泰国,参与韩国建筑史上第一个海外工程芭迪雅——那拉迪瓦高速公路的建设,担任工地最基层的出纳人员。当时,为了节省成本,工地雇佣了不少当地的工人。可是由于语言不通,管理上出现失误,导致工地上矛盾冲突不断。

　　一天，他正在整理账簿，一群韩国工人冲进工地现场开始闹事，有的工人还挥着短刀。一见这样的架势，所有的人都逃离了现场，只有李明博留了下来。当时，大约有15个闹事者冲进了他的办公室，其中一个人把短刀插到他面前桌子上，让他把保险柜的钥匙交出来，但他坚决不交，闹事者两次将短刀插向他的脖子，但他还是拒绝交出钥匙。闹事者看威胁不成，就让他把保险柜打开，结果他把保险柜死死抱在了怀里。这下闹事者更加愤怒了，于是大家一齐上，开始对他拳打脚踢。但就算是这样，李明博还是紧紧抱住保险箱不放。幸好这时候，传来了警车的鸣叫声，暴徒们见势不妙，才一哄而散，李明博这才捡回一条命。

　　这件事情之后，"李明博不惜生命保住了公司的保险柜"的事迹很快就在整个现代传开了，这也成了他扎根现代的契机。年仅35岁时候，他就当上了现代集团的社长。或许在很多人看来，为了公司的保险箱，差点丢了自己的性命，未免也太不值得，何况，自己又不是公司的什么重要人物，不过是一个可有可无的小出纳员而已。但是从另一个侧面，也可以看到，连为了一个保险箱都不惜丢掉性命的人，那他对待公司其他的事情，其用心和认真，就可想而知。

成功属于用心做好小事的人，不屑于做小事或者不在小事上下工夫的人，是难以取得成就的。在我们的工作中，每个人都需要以身作则、脚踏实地，从小事做起。如果你希望变得更优秀，只需不急不躁地做好小事。不要看到别人的成就后就大发感慨，说别人很幸运，说别人有成功的优势。只有端正心态，把小事做到位，尽职尽责地完成工作，让重视小事成为我们的一种习惯，才能提高我们的工作质量，最终成就大业。

第十一章

高效做事，积极行动不拖延

　　做事最需要的是效率，没有效率的忙，只不过是空忙，没有效率的累也只不过是白累。所以，杜绝拖延，甩掉借口，积极行动，寻找最有效的方法，高效做事，才能让我们忙得有效果，累得有价值，才能真正把事情做好、做实、做完美。

1.

一万次心动不如一次行动

　　世界上最远的距离是什么？是嘴和手之间的距离。现在的人最缺的不是好的创意和构想，也不是能言善辩的雄辩口才，而是行动能力。一个人能否取得成功，不在于学了多少，说了多少，想了多少，而在于他做了多少。因此，说到和做到之间的距离确实可以是最远的距离，当然也可以是最近的距离。关键在于，你能不能"现在行动，马上去做"。

　　罗伯特·约翰逊是西伯里和约翰逊公司的合伙人之一，有一天他无意中了解到生物学家约瑟夫·利斯特关于细菌的研究成果，觉得大有可为。1886年，他们兄弟几个成立了自己的公司——约翰逊公司，并且开始推销他们的消毒纱布。随着医学界逐渐认识到细菌感染的威胁，形势开始对约翰逊兄弟有利了。到1910年，公司发展到需要40栋楼来生产医疗设备。1920年的一天，公司一位名叫厄尔·E·迪克森的职员给同事看了他在家使用的自动粘贴绷带。厄尔用一小块纱垫粘在胶带上，把一些绷带粘在一起，用以保护家里人的割伤或擦伤。公司立即意识到了这项小发明的潜能，不久"邦迪创可贴"就进入了千家万户。

　　从这个故事里我们可以得知，成功只存在于行动中，没有行动，再好的想法也是空谈，就好比99度的水少了1度就不能沸腾。温水和开水的差别就在于这微不足道的1℃。然而，这一步之遥、一度之差又总是艰难和智慧的一跃，是成功与失败的分水岭。这一步，归根结底，就是行动。

　　一次行动胜过百遍心想。成大事者是每天都靠行动来落实自己的人生计划的。很多人之所以一事无成，最大的毛病就是缺乏敢于决断的手段，总是左顾右盼、思前想后，从而错失成功的最佳时机。克雷洛夫说："现实是此岸，理想是彼岸，中间隔着湍急的河流，行动则是架在河上的桥梁。"行动才会产生结果，行动是成功的保证。任何伟大的目标、伟大的计划，最终必然落实到行动上才能实现，行动是完成计划奔向目标获得成功的保证。

　　　　朱迪亚是美国夏威夷一家制衣公司的员工，她所在的公司一直在生产着传统的夏威夷人喜欢穿的罩袍。这些罩袍只有一种尺码，花色呆板，并缺少变化，而且由于是成批生产，制作得极为粗糙，看上去千篇一律，一点也不适合人们在各种场合穿戴。朱迪亚决定对罩袍进行改进，并且立即把这个想法付诸行动。她想先为自己缝制一件罩袍，并穿在身上，这样将来在公司对罩袍进行改进时就更有说服力了。于是，她买来了能体现个性特色的印花布，通过精心地裁剪，使罩袍不仅保持原来舒适的特点，又能够适合自己身材尺寸。此外，她还为罩袍精心设计了漂亮的花边。这种特殊的设计，马上引起了房东太太的兴趣，要求朱迪亚为自己照样缝制一件。穿上朱迪亚为她量身定制的传统罩袍，房东太太惊喜异常，她怎么也没有想到，这种司空见惯的传统服装，居然也可以做得如此适合于自己的身材。当朱迪亚把她想改进公司生产传统罩袍的想法告诉同事们时，几乎人人都惊讶地连连摇头："难道你不知道在夏威夷各大旅馆、服装店和旅游中心陈列着成千上万件罩袍？它们都是传统式样，没有人敢去改进它啊！"

　　然而，朱迪亚却不这么想，她决心要试一试。因为，她坚持这样一个准则：只要想做，就立即实施。朱迪亚把自己的想法告诉了公司老板，并立即得到了老板的支持。她便亲自去负责选购布料和为上门的顾客测量尺寸大小，然后将布料交给其他同事去裁剪和缝制。就这样，在这家生产传统罩袍的公司里，开始生产出了一件件漂亮又适合人们身材的新式罩袍,公司的生意开始红火起来。在朱迪亚的努力下,后来公司还把这种独特的服装推销到美国本土的其他城市。

朱迪亚凭着"只要想做,就立即去做"的行为准则,赢得了老板的青睐,从一个普通制衣工被提拔为公司的首席设计师。由此可见,立即去做对于每一个员工来说,是何等的重要!

迈克是英国阿瑞斯公司的一名低级职员,他的外号叫"奔跑的鸭子"。因为他总像一只笨拙的鸭子一样在办公室飞来飞去,即使是职位比迈克还低的人,都可以支使迈克去办事。

后来迈克被调入了销售部。有一次,阿瑞斯公司下达了一项任务:必须完成本年度500万美元的销售额。销售部经理认为这个目标是不可能实现的,私下里他开始怨天尤人,并认为老板对他太苛刻,为了使公司降低年度销售指标,有意将与之相关的工作计划一拖再拖。

只有迈克一个人在拼命地工作,到离年终还有1个月的时候,迈克已经全部完成了他自己的销售额。但是其他人没有迈克做得好,他们只完成了目标的50%。

看到这种情况,经理主动提出了辞职,表现出色的迈克被任命为新的销售部经理。"奔跑的鸭子"迈克在上任后迅速采取了一系列的新措施,亲自带领员工们忘我地工作,在年底的最后一天,他们竟然完成了剩下的50%销售额。

不久,阿瑞斯公司被一家大公司收购。当大公司的董事长吉瑞第一天来上班时,他亲自点名任命迈克为这家公司的总经理。因为在双方商谈收购的过程中,这位董事长多次光临阿瑞斯公司,这位"奔跑"的迈克先生给他留下了十分深刻的印象。

"如果你能让自己跑起来,总有一天你会学会飞。"这是迈克传授给他的新下属的一句座右铭。

职场就是战场,工作就如同战斗。要想在职场上立于不败之地,就必须成为一名高效能的员工。心动不如行动，说到不如做到，我们在做任何事情之时都要勇于实践，勇于大胆的尝试，更宝贵的是行动与做到。俗话说：心动不如行动。因为只有行动，才有成功的可能性，只有从现在做起，才能完成你的人生规划。任何事情计划得再好，也不如现在卷起衣袖开始做。向着目标，面对伟大的事业，最重要的是立即行动起来！凡事马上行动，立刻行动，你的人生才会不一样。

2.

日事日清，今天的事绝不留到明天

今天该做的事拖到明天完成，现在该打的电话等到一两个小时以后才打，这个月该完成的报表拖到下个月，这个季度该完成的进度要等到下一个季度。凡事都留待明天处理的态度就是拖延，这是一种"明日待明日"的工作习惯。如果你总是把问题留到明天去解决，那么明天就是你失败的日子。同样，如果你计划一切从明天开始，你也将失去成为成功者的机会。明天不过是你懒惰和恐惧的借口。今天的工作今天必须完成，因为明天还会有新的工作。今天的事情拖到明天，只会让自己更被动，感觉头绪更乱、任务更重。

很多年轻人在工作中逃避担当和责任，他们认为自己年轻，有的是时间和机会，现在不玩何时玩，努力和成功明天再说。把希望寄托在明天，如此，明日复明日，明日是何其多，真正到了迟暮之时，才发现自己蹉跎岁月，一无所获。要记住的是：要想成功，首先是珍惜时间。对于任何人来说，时间都是一种非常宝贵的资源。如果缺少金钱、资本、健康、学识，只要有时间就可以去补充，去努力得到自己想得到的。如果没有了时间，一切都是没有意义的，用什么办法都无法弥补。时间对于每个人来说都是极其宝贵的。每个人都要培养时间观念，在行动中珍惜时间。一个没有时间观念的人是不受人欢迎的，一名不懂时间管理的员工更是不被赏识的。

"天啊！时间过得真快"、"我的时间总是不够"、"这件事不急，我可以留到明天再做"、"真是抱歉，我延迟了一点"、"我忘记时间了"，这些应该是我们工作中经常能听到的借口，似乎这样我们就能心安理得地把事情推到明天再做。这其实是一种缺乏责任感的拖延心理。

　　小李是某公司的一个部门主管，他这几天特别忙，因为他平时工作总喜欢把"不着急，还有时间"、"明天再说吧"这些话放在嘴边，而现在老板要去国外公干，并且要在一个国际性的商务会议上发表演说。小李负责一些资料的搜集和整理。刚接到这个任务时，小李并没有着急，他想搜集资料是很简单的，又不像写东西那么复杂，就没有放在心上。

　　等到老板要出发的前一天，所有的主管都来送行，有人问小李："你负责的资料整理好了没有？"

　　小李感觉很轻松地说："不用那么着急，老板要坐好长时间的飞机，反正这段时间是空闲的，资料要等到下飞机才用，我一会儿就去整理，然后用传真发过去就行了。"

　　过了一会儿。老板来了，第一件事就是问小李："你负责整理的资料和数据呢？"小李按照他的想法又跟老板说了一遍。老板听了他的回答，脸色大变："怎么会这样？我已经计划好了，利用在飞机上的时间，和同行的顾问按照这些资料研究一下这次的议题，不能白白浪费这么好的时间啊！"

　　听到老板的话，小李脸色一片惨白。

对每一个渴望有所成就的人来说，拖延是最具破坏性的，它是一种最危险的恶习，它使人丧失进取心。一旦开始遇事推脱，就很容易再次拖延，直到变成一种根深蒂固的习惯。我们常常因为拖延时间而心生悔意，然而下一次又会惯性地拖延下去。几次三番之后，我们就会视这种恶习为平常之事，从而使矛盾深化，给工作造成严重的危害。我们没解决的问题会由小变大、由简单变复杂，像滚雪球那样越滚越大，解决起来也越来越难。可见,工作中拖延并不能使问题消失,也不能使问题的解决变得容易起来,而只会严重地阻碍工作的进度。

工作就是如此,如果我们不懂得科学地管理时间,合理地安排自己的时间,高效率就会抛弃我们! 当我们抱怨"每天的时间太少了,根本不够用"的时候,当我们感叹"时间怎么过得这么快,还有很多任务没有完成"的时候,我们是否曾想,是时间真的很少,还是我们不懂得管理时间呢?

今天该做的事拖到明天完成,现在该打的电话等到一两个小时以后才打,这个月该完成的报表拖到下个月,这个季度该完成的进度要等到下一个季度。凡事都留待明天处理的态度就是拖延,这是一种"明日待明日"的工作习惯。如果你总是把问题留到明天去解决,那么明天就是你失败的日子。同样,如果你计划一切从明天开始,你也将失去成为成功者的机会。明天不过是你懒惰和恐惧的借口。

在众多的企业中,海尔就是当日事当日毕的一个典型代表。海尔的日清管理法也叫做"OEC 管理法",也就是英文"Over all every control and clear"的缩写,就是全面地对每人、每天所做的每件事进行控制和清理,"日事日毕,日清日高"。今天的工作必须今天完成,今天完成的事情必须比昨天有质的提高,明天的目标必须比今天更高才行。海尔的每个员工都有一张"三 E 卡",所谓"三 E 卡",就是每天、每件事、每个人,"每个员工干完今天的工作后,必须要填写这张卡片,填写完之后,他的收入就跟这张卡片直接挂钩。"这张日清卡,使海尔把整个的工作、大目标分解落实到每个人身上。

举例来说,崔淑立是海尔洗衣机海外产品经理。崔淑立接手美国市场时,大家都认为拿下美国的客户 L 先生非常难! 因为多位产品经理都没能打动 L 先生。真这么难吗? 崔淑立不信。这天,崔淑立一上班就看到了 L 先生发来的要求设计洗衣机新外观的邮件。因时差 12 个小时,此时正是美国的晚上,崔淑立很后悔,如果能即时回复,客户就不用再等到第二天了! 从这天起,崔淑立决定以后晚上过了 11 点再下班,这就意味着可以在当地上午的时间里处理完客户的所有信息。三天过去了,

"夜半日清"让崔淑立与客户能及时沟通,开发部很快完成了洗衣机新外观的设计图。就在决定把图样发给客户时,崔淑立认为还必须配上整机图,以免影响确认。当她逼着自己和同事们完成"日清"——整机外观图并发给客户时,已经是晚上 12 点了。大约凌晨 1 点,崔淑立回到家,立刻打开家中电脑,当她看到客户的回复:"产品非常有吸引力,这就是美国人喜欢的。"她顿时高兴得睡意全无,为自己的"夜半日清"取得的效果而兴奋不已!样机推进中,崔淑立常常半夜醒来打开电脑看邮件,可以回复的就即时给客户答复。美国那边的客户完全被崔淑立的精神打动了,推进速度更快了,L 先生第一批订单终于敲定了!其实,市场没变,客户没变,拿大订单的难度没变,变的只是一个有竞争力的人——崔淑立。崔淑立完全有理由说:"有时差,我没法当天处理客户邮件。"但她只认目标,不说理由!为什么?崔淑立说:"因为,我从中感受到的是自我经营的快乐!有时差,也要日清!"

每天都有目标,也都有结果,日清日新,其实是一种自我管理的方式。任何工作如果没有时间限定,就如同开了一张空头支票。只有懂得用时间给自己压力,到时才能完成。只要我们在工作中努力去做到"当日事当日毕",每天都坚持完成当日的工作,我们就会发现不仅会按时完成任务,而且心理上会感觉很轻松。人生短短几十年,又有多少个今天可以浪费、多少个明天可以期待呢?抓住今天,才能不丢失明天。今日事今日毕,勇于向今天献出自己,明天,将会受益无穷!所以,今天的工作今天要完成,成功从今天开始。

3.

绝不拖延，消除一切拖延的借口

凡事都找借口留到明天处理的态度就是拖延，这是一种很坏的习惯。每当要付出劳动时，或要做出抉择时，总会自己找出一些借口来安慰自己，总想让自己轻松些、舒服些。用尽方法逃避责任，该做的事还是得做，而拖延是一种相当累人的折磨，随着完成期限的迫近，工作的压力反而与日俱增，这会让人觉得更加疲惫不堪。寻找借口的唯一好处，就是把属于自己的过失掩饰掉，把应该自己承担的责任转嫁给社会和他人。这样的人，注定只能是一事无成的失败者。

罗拉德是一个办事拖拉的员工。例如，在工作中罗拉德常常积压一大堆来信。如果第一封信中涉及一个棘手的问题，他就把它搁置一旁，找一封容易答复的信去处理，结果，没过多久，他就积攒了满满的两三包没有答复的信。但是他觉得自己无法改变这种习惯。

对此，时间管理专家皮尔斯警告说："不要以为拖拖拉拉的习惯是无伤大局的，它是个能使你的抱负落空、破坏你的幸福、甚至夺去你生命的恶棍。"

皮尔斯教授对他说："罗拉德，你不该认为你的这种拖拉作风是你固有的个性，或者也许是一种不可救药的毛病，实际上并不是这样。这是一种坏习惯，正如别的所有的习惯一样，它也同样可以被克服掉。所以，你不应当回避那些棘手的信，应当首先处理它们。你因此而得到的鼓舞会使剩余的任务迎刃而解的。"

　　这番警告使罗拉德受到震惊。他决心着手解决这个问题，直到彻底战胜它为止。在皮尔斯教授的指导下，罗拉德学到一个原则：如果有一件事情要做，立即就干。最后，终于成功地改掉了拖拉的恶习。

　　拖延是成功的最大敌人之一。一个企业家可能因为拖延没能及时做出关键性的决策而遭到失败，一个学生可能因为拖延没有及时掌握应有的知识而失去上大学的机会。拖延到头来只会导致问题铢积寸累，难上加难。

　　拖延常为"有空再做、明天做、以后做"、"拖"、"等"、"研究、商量"等等找借口，这是一种很坏的工作习惯。由于惰性心理，今天得过且过，今天该做的事拖到明天完成，现在该打的电话等到一两个小时后才打，这个月该完成的报表拖到下一月，这个季度该完成的进度要等到下一个季度等等。带着这样的念头工作只会感觉工作压力越来越大。能拖就拖的人心情总不愉快，总觉疲乏。因为应做而未做的工作不断给他压迫感。拖延者常感到时间压力。拖延并不能省下时间和精力，刚好相反，它使你心力交瘁，疲于奔命。不仅于事无补，反而白白浪费了宝贵时间。

　　大多数人或多或少存在拖延的习惯，好好的事，就是迟迟不能付诸行动。"等明天"、"等合适的时候"、"等条件具备才干"、"等找到工作"、"等结婚"、"等小孩子长大"、"等退休"这样等下去，最后可想而知，结果只能是"等到下辈子吧"。任何时候，当你感到拖延的恶习正悄悄地向你靠近，你要努力避免。要克服拖延的习惯，最简单也最有效的方法就是为每件事设定一个最后期限。定了期限后，要强迫自己即使不吃饭、不睡觉也要在期限内完成任务。开始的时候，我们可以从一些小事做起，比如看一本书、洗衣服、收拾房间等。把每天要完成的任务坚持当天完成。一段时间之后，你就可以定一个长期的目标了，比如三天写完一篇报告、一个月内减5斤等。慢慢地，你就养成了任何事都有期限并按时完成的习惯。这个习惯将是你一生的财富。

4.

要事为先，重要的事情一定要先做

什么事是必须做的？这是时间管理的第一个关键问题。每天都有无数的事情等待着我们去处理，而且有许多事情看起来还显得非常紧急，比如响个不停的电话，下一个小时的某个会议，给某个客户的回信等等。陷入事务性的圈子，把我们变得忙忙碌碌的情景看来是必须而且是可以理解的。但是实际情况并非如此。每个人在一天所做的事情中，至少有80％是并不重要的。这是一种很危险的工作方法。

大量研究表明，在工作中，人们总是依据下列各种准则决定事情的优先次序：

(1)先做喜欢做的事，然后再做不喜欢做的事。

(2)先做熟悉的事，然后再做不熟悉的事。

(3)先做容易做的事，然后再做难做的事。

(4)先做只需花费少量时间即可做好的事，然后再做需要花费大量时间才能做好的事。

(5)先处理资料齐全的事，再处理资料不齐全的事。

(6)先做已排定时间的事，再做未经排定时间的事。

(7)先做经过筹划的事，然后再做未经筹划的事。

(8)先做别人的事，然后再做自己的事。

(9)先做紧迫的事，然后再做不紧迫的事。

(10)先做有趣的事，然后再做枯燥的事。

(11)先做易于完成的事或易于告一段落的事，然后再做难以完成的整件事或难以告一段落的事。

(12)先做自己所尊敬的人或与自己有密切利害关系的人所拜托的事，然后再做自己所不尊敬的人或与自己没有密切利害关系的人所拜托的事。

(13)先做已发生的事,然后做未发生的事。

很显然,上述各种准则,都不符合高效工作方法的要求。对于这个问题应按事情的"重要程度"编排行事的优先次序。所谓"重要程度",即指对实现目标的贡献大小。对实现目标越有贡献的事越是重要,它们越应获得优先处理;对实现目标越无意义的事情,愈不重要,它们愈应延后处理。简单地说,就是根据"我现在做的,是否使我更接近目标"这一原则来判断事情的轻重缓急。

在上述的十三种决定优先次序的准则中,对我们最具支配力的恐怕是第九种——"先做紧迫的事,再做不紧迫的事",大凡低效能的员工,他们每天 80%的时间和精力都花在了"紧迫的事"上。也就是说,人们习惯是按照事情的"缓急程度"决定行事的优先次序,而不是首先衡量事情的"重要程度"。按照这种思维,他们经常把每日待处理的事区分为如下的三个层次:

(1)今天"必须"做的事(即最为紧迫的事)。

(2)今天"应该"做的事(即有点紧迫的事)。

(3)今天"可以"做的事(即不紧迫的事)。

但遗憾的是,在多数情况下,愈是重要的事偏偏愈不紧迫。比如向上级提出改进营运方式的建议、长远目标的规划,甚至个人的身体检查等,往往因其不紧迫而被那些"必须"做的事无限期地延迟了。所以,任何工作都有轻重缓急之分。只有分清哪些是最重要的并把它做好,你的工作才会变得井井有条,卓有成效。

美国伯利恒钢铁公司总裁理查斯·舒瓦普,曾经为自己和公司的低效率而忧虑,于是向效率专家艾维·李寻求帮助,希望艾维·李能卖给他一套思维方法,告诉他怎样才能在短短的时间里完成更多的工作。

艾维·李说:"好吧!我十分钟就可以教你一套至少提高效率50%的最佳方法。把你明天必须要做的最重要的工作记下来,按重要程度编上号码。最重要的排在第一位,依此类推。早上一上班，立即从第一项工作做起，一直做到完成为止。然后用同样的方法对待第二项工作、第三项工作……直到你下班为止。即使你花了一整天的时间才完成了第一项工作，也不要紧。只要它是最重要的工作，就坚持做下去，每一天都要这样做。在你对这套方法的价值深信不疑之后，让你公司的人也按照这套方法去做。这套方法你愿意试多久就试多久，然后给我寄张支票，并填上你认为合适的数字。"

舒瓦普认为这个思维方法非常有用，很快就填了一张25 000美元的支票给艾维·李。舒瓦普后来坚持使用艾维·李教给他的这套方法，于是五年后，伯利恒钢铁公司从一个鲜为人知的小钢铁厂一跃成为最大的不需要外援的钢铁生产企业。舒瓦普对朋友说："我和整个团队始终坚持挑最重要的事情先做，我认为这是我公司多年来最有价值的一笔投资！"

凡取得卓越成绩的员工，办事的效率都非常高。这是因为他们能够利用有限的时间，高效率地完成至关重要的工作。任何工作都有主次之分，如果不分主次地平均使力，在时间上就是一种浪费。所以，在工作上，不能眉毛胡子一把抓，要分轻重缓急！这样才能一步一步地把事情做得有节奏、有条理，达到良好效果。

5.

心无旁骛，一次只做一件事

做事情必须心无旁骛、专心致志。只有心无旁骛地做事，才能把聪明才智调动起来，才能把积极性、创造性发挥出来。一个人的精力是有限的，把精力分散在好几件事情上，不是明智的选择，而是不切实际的考虑。

　　一则故事说,大哲学家布里丹养了一头小毛驴,他每天要向附近的农民买一堆草料来喂。这天,送草的农民出于对哲学家的景仰,额外多送了一堆草料放在旁边。这下子,毛驴站在两堆数量、质量和与它的距离完全相等的干草之间,可为难坏了。

　　它虽然享有充分的选择自由,但由于两堆干草价值相等,客观上无法分辨优劣,于是它左看看,右瞅瞅,始终无法分清究竟选择哪一堆好。于是,这头可怜的毛驴就这样站在原地,一会儿考虑数量,一会儿考虑质量,一会儿分析颜色,一会儿分析新鲜度,犹犹豫豫,来来回回,在无所适从中活活地饿死了。

　　那头毛驴最终之所以饿死,导致最后悲剧的原因就在于它左右都不想放弃,不懂得专注。对于一个职场人来说,专注才能取得成功。无论从事什么样的工作,只要具备了专注的心,一定会有所成就。一个专注的人,往往能够把自己的时间、精力和智慧凝聚到所要干的事情上,从而最大限度地发挥积极性、主动性和创造性,努力实现自己的目标。我们做事也是一样,认定了目标,就要全力朝着结果奔去。即使途中遇到困难也不退缩,只有这样,我们才不会走弯路。

　　著名出版人基德曼在出版社从事校对工作,她曾为自己定下一条原则:除非有特殊紧急事件,否则就要全身心地投入到校对工作中去。她将所有的精神集中在一件事上,即创造一个有创意与高效率的工作环境。换句话说,一坐到桌前,她就不再想别的事,哪怕手中的书稿校对到只剩最后一页,她也绝不去想下一部书稿的事。没多久,基德曼就发现,她的这条原则能让她专心致志地去做,而且很少感到校对是一件枯燥无味的工作。她甚至发现一个小时的专心工作,抵得上一整天被干扰的工作成果。

　　当你集中精力于眼前的工作时,你就会发现你将获益匪浅——你的工作压力会减轻,做事不再毛毛躁躁、风风火火。由于对工作的专注,还能激发你更热爱公司,更热爱自己的工作,并从工作中体会到更多的乐趣。因此，在进行工作时，应该集中精力于当前正在处理的事情。如果注意力分散，头脑不是在考虑当前的事情，而是想着其他事情的话，工作效率就会大打折扣。即使事情再多，也要一件一件进行，做完一件事情就了结一件事情。全神贯注于正在做的事情，集中精力处理完毕后，再把注意力转向其他事情，着手进行下一项工作。

世界上，最紧张的地方可能要数只有 10 平方米的纽约中央车站问询处。每一天，那里都是人潮汹涌，匆匆的旅客都争着询问自己的问题，都希望能够立即得到答案。对于问询处的服务人员来说，工作的紧张与压力可想而知。可柜台后面的那位服务人员看起来一点也不紧张。他身材瘦小，戴着眼镜，一副文弱的样子，显得那么轻松自如、镇定自若。

在他面前的旅客，是一个矮胖的妇人，头上扎着一条丝巾，已被汗水湿透，充满了焦虑与不安。问询处的先生倾斜着上半身，以便能倾听她的声音。"是的，你要问什么？"他把头抬高，集中精神，透过他的厚镜片看着这位妇人，"你要去哪里？"

这时，有位穿着入时，一手提着皮箱，头上戴着昂贵的帽子的男子，试图插话进来。但是，这位服务人员却旁若无人，只是继续和这位妇人说话："你要去哪里？""春田。"

"是俄亥俄州的春田吗？""不，是马萨诸塞州的春田。"

他根本不需要行车时刻表，就说："那班车是在 10 分钟之内，在第 15 号月台出车。你不用跑，时间还多得很。"

"你是说 15 号月台吗？""是的，太太。"

女人转身离开，这位先生立即将注意力转移到下一位客人——戴着帽子的那位身上。但是，没多久，那位太太又回头来问一次月台号码。"你刚才说是 15 号月台？"这一次，这位服务人员集中精神在下一位旅客身上，不再管这位头上扎丝巾的太太了。

有人请教那位服务人员："能否告诉我，你是如何做到并保持冷静的呢？"

那个人这样回答："我并没有和公众打交道，我只是单纯处

理一位旅客。忙完一位,才换下一位,在一整天之中,我一次只
为一位旅客服务。"

　　"在一整天里,一次只为一位旅客服务。"这话堪称至理。一次只做一
件事,这可以使我们静下神来,心无旁骛,一心一意,就会把那件事做完做
好。倘若我们好高骛远,见异思迁,心浮气躁,什么都想抓,最终猴子掰玉
米,掰一个,丢一个,到头来两手空空,一无所获。古罗马哲人普珀里琉
斯.西鲁斯说:"如果同时做两件事,结果是哪件事也做不成。"人的精力是
有限的,一心一意地选择单一的目标,然后竭尽全力地去做,这样才有成
功的希望。一心一意地专注自己的工作,是每个职场人士获取成功不可
或缺的品质。当你能够一心一意地去做每一件事时,成功就会一步步向
你靠近。

双手平衡：
会做人善做事,拥抱成功的人生

第十二章

把握分寸，不说过头话不做出格事

古往今来，任何事都离不开"分寸"二字。人生做事最难的，不是少做或多做，而是把事情做到什么样的程度。做事要把握分寸，事情做过头了，或者没做够，都是不可取的。做事做到恰到好处，是人生的最大学问，才能实现做事的最高境界。

1.

嘴巴甜的人到哪里都吃香

　　说话是一门艺术，是一门值得推敲的艺术，尤其是在人际交往的过程中，说话的好与坏关系交往的功效。而揣测对方心理，把话说到别人的心里去，是说话得体、动听从而达到成功交往的关键因素。在这方面，《红楼梦》中的王熙凤可称典范。

　　　王熙凤初见黛玉，笑道："天下真有这样标致的人物，我今儿才算见了！况且这通身的气派，竟不像老祖宗的外孙女儿，竟是个嫡亲的孙女，怨不得老祖宗天天口头心头一时不忘。只可怜我这妹妹这样命苦，怎么姑妈偏就去世了！"
　　　王熙凤是贾府中炙手可热的人物，她的权势多半是来源于贾母的宠信，所以熙凤行事说话时时刻刻都依据贾母的爱憎好恶，揣测其心理。初见贾母的外孙女黛玉，便恭维她是天下最标致的人物，"我今儿才算见了"，似乎是在说她从未见识过，而周旋于贾府上下人中，又是名门之女的王熙凤不是没有见过世面，为什么对黛玉如此夸奖呢？我们知道：是贾母一再执意要把自己唯一的女儿的孩子黛玉接进贾府的，承受失女之痛的贾母自然会把对女儿的感情转移到外孙女的身上，心肝儿肉地疼爱。听到有人这么夸奖外孙女，贾母定是欢喜，尽管这话已恭维到令人肉麻的地步，但又有谁能拒绝呢！接着，熙凤又说黛玉不是贾母的外孙女而是孙女，这显然违背事实。
　　　但有时候，假话比真话更让人爱听。由外孙女到孙女，其潜台词是想告诉贾母：黛玉就像是她自己调教出来的孙女一样。此话如扑面之清风，贾母怎不受用？对于寄人篱下的黛玉来说，置身于人地两疏的贾府听到别人的夸奖，并且说自己是贾府的最高统治者贾母的嫡亲孙女，除了高兴之外，说不定还有感激呢！不仅如此，王熙凤始终没有忘记，或者说更清楚黛玉进贾府的原因：姑妈去世。女儿的去世会给贾母以精神上的打击，而失去母亲的黛玉感情上更是不必说。所以熙凤又向二人表达自己的悲伤与哀痛——"怎么姑妈偏就去世了"。真是做尽了人情，好一个八面玲珑的人物！

一个会说话的人，总可以流利地表达出自己的意图，也能够把道理说得很清楚、动听，使别人很乐意地来接受。有时候还可以立刻从问答中测定对方言语的意图，并从对方的谈话中得到启示，增加自己对于对方的了解，跟对方建立良好的友谊。不会说话的人，不能完全地表达出自己的意图，往往会使对方费神去听，而又不能使他信服地接受。

有这样一个笑话：有一位奇丑无比的女士遇见一位帅哥，那位丑女做过自我介绍后，帅哥很真诚地夸她说："你的名字真好，通俗易懂。"丑女感到非常高兴。帅哥的朋友不解，问他为什么这么夸她。帅哥解释说："遇到一位女性，如果她有几分姿色，那么你就称赞她漂亮；如果她算不上漂亮，那么你就称赞她可爱；如果她可爱也算不上，你就称赞她有气质，如果她连气质也谈不上，那么就称赞她有个性；如果她性格也一般，那就称赞她名字别致、脱俗；如果连名字都很一般，那么就只能称赞她的名字通俗易懂了。"

我们不去管笑话里的事情是不是真的，也不要追究别人是否这样评价过我们。我要说的是：赞美是很难拒绝的"诱惑"。不管是男人还是女人，总是喜欢听到别人的夸奖。而且笑话也告诉我们一个真理，每个人都有优点，就看你懂不懂得去发掘别人的优点，并衷心去赞美它。

下面我们就列举一些人人都喜欢听的"赞美之词"，其实没什么难的。

只要我们把嘴巴多抹点蜜,就算不能让自己升职加薪,但是人见人爱是绝对没问题的。

1. 尽量把他们往年轻里叫

以往我们对新认识或不认识的人客气地称为"大哥"、"大姐"或者是"先生"、"小姐",土一点人还会称呼别人"同志"、"师傅"等,这些已经过时了,尤其是对那些年轻人。"帅哥"、"美女"、"靓仔"、"靓女"成了年轻人的爱称,不管别人是不是名副其实,但是没人会拒绝这样的称呼,而且每个人都会在心里偷笑。对那些三四十岁的人,我们也可以亲热地称呼为"李姐"或"张大哥"等,不要直接称呼姓名,或者是直接用称谓,要用二合一型,这样容易拉近彼此的距离。总之称呼别人的第一原则就是:只要别人不是很老,那么就尽量把他们往年轻里叫。

2. 称呼领导有技巧

对领导不能一味的热情和甜言蜜语,要带着一点敬畏和崇拜的神情,也不能太活泼,要严肃一点。在上班的时候,在电梯里,在楼道上,或者是在办公室门外,见到领导要记得打招呼。不管你当时在干什么,一定要停止,比如说你在打电话,或者是看报纸,你都要暂时停止,要和领导打招呼。不方便的话,你可以不用说话,但是一定要微笑,点头示意,并稍微做出鞠躬的姿势。要让领导知道你见到他了,而且还要让他感觉,你见到他很开心,很荣幸。

对公司的一些领导不能称呼姓名。要称呼他们的职位。比如说领导姓孙。你可以称呼他为"孙总",或"孙经理",办公室主任姓刘,那么就称呼为"刘主任"。对于副职领导我们也要注意,在没有正职领导在的时候,要把那个"副"字去掉,不要叫他"孙副总",而要直接叫他"孙总"。事实证明,这一字之差能让人有两种不同的心情。但是在正副领导都在的时候,最好避免称呼副职领导。如果避免不了,就要把"副"字加上。

3. 要说好听的

有时候,人们就是这样,明知道自己很胖,但是别人夸自己瘦的时候,一样心花怒放。以前我们认为女人对外貌更加关注,更加喜欢甜言蜜语,但是事实证明,男人更爱臭美,更容易被甜言蜜语打动。对于女性,我们要更多地称赞她们的身材,相貌,皮肤,服饰,发型等。虽然有时候我们是违心的,但是这并不影响效果。比如一位身材丰满的女士,虽然她的身材不算瘦，但是你可以说"您最近好像瘦了"。就算她明知道自己的体重又增加了，但是听到这样的话，她一样会很开心。

对于男性，我们要更多地称赞他们的发型，穿衣服的品位，皮鞋和领带的搭配等。然后就是对他们能力和品质的赞美。包括他们工作能力强、干练、精神、有威严、有风度等。据调查，男性照镜子的时间基本上和女人持平，但是他们都是偷偷地照镜子。听到甜言蜜语时，男性的血压比女性上升得更快，这说明他们对此很受用，很兴奋，只不过他们比较善于控制自己的情绪。所以不要以为这些对那些绷着脸的男人没用，其实他们不定在那个角落偷着乐呢！

2.

出门观天色，进门看脸色

俗话说："出门观天色，进门看脸色。"观天色，可推知阴晴雨雪，携带雨具，以不受日晒雨淋。看脸色，便可知其情绪。面部表情的色彩屏幕上显示的图像不同，人的情绪也不同。学会察言观色，实在是不可忽视的为人处世之道。知情绪便能善相处；善相处，便能心相通；心相通，便能达到一致。

有位记者去某足球队采访，一进门，发现休息室内气氛沉闷，教练铁青着脸，双眼圆睁。队员们耷拉着脑袋，垂头丧气。他赶紧退了出去，取消了这次采访。后来，他打听到，球队刚刚在比赛中吃了败仗，正在恼气。倘若当时他不看脸色，硬要不识趣地去采访吃了败仗的足球队，不但不会有什么收获，而且还会挨骂。

妻子在单位生了气，虽然尽量克制，但回家仍是不高兴。丈夫只注意到妻子好像和平时有点不一样，但并未深究。结果，当他和妻子谈到一件事情而意见不一致时，没说几句话，两人就吵了起来。

看来，这位记者颇有经验，懂得采访的"火候"。而那位丈夫就有点不太会看人脸色了。俗话说：人好水也甜，花好月也圆。人在高兴时，心情舒畅，看见高楼大厦，会想到"凝固的音乐"。看见车水马龙会想到"滚动的音乐"。情绪好，容易体谅人，礼让、关心和帮助他人，也乐意与人攀谈，接受别人的邀请，甚至看见小狗也可能热情地打个招呼。正所谓"人逢喜事精神爽"嘛！而人在烦恼时，心情抑郁，欣赏"田园交响曲"，也会觉得是噪音。

因此，学会察言观色，留意对方的表情，互谅互让，该治则治，该躲则躲，当止即止，就可避免许多不必要的纠纷。

孩子在学校挨了批评而他确实没有错，装了一肚子气。他闷闷不乐回到家里，父亲看到他，也不问发生了什么事，张口就开始教育："瞧你无精打采的样子，像个什么？我像你这么大的时候……"孩子越听越烦，觉得脑袋都要爆炸了。于是，连他自己也说不清是为什么，把书包往地上一摔，大喊一声："烦死人了！"父亲以为孩子这样顶撞大人还行？一巴掌打过去，孩子哭着跑开了。

假如这位父亲善于察言观色，发现孩子表情与以往不同，采用安抚疼爱的方法，细心开导，不仅不会把孩子打跑，致使父子关系恶化，而且还会给予孩子以心灵的抚慰，加深父子感情。

如果我们每个人都能察言观色，及时地改变先前的决定，及时地退或进，及时地把自己的言行组合或分解，及时地控制自己的喜怒哀乐，那么，人际关系一定会更加和谐。当然那种阿谀奉承，吹须拍马，唯上司命是从，为了个人一己利益，专看脸色行事的"小人"，理应鄙弃。因为察言观色不是瞄准后准确地射击，而是与他人站在同一水平面上，旋转或是飞跃。察言观色，不是为了自己的安全，而是为了与他人一起乘舟出航，共同前进。

有位心理学家曾讲过："在世界的知识中，最需要学习的就是如何洞察他人。"俗话说："出门观天色，进门看脸色。"可以说，每一个拥有良好人际关系的人，每一个善于驾驭人的人，都是善于察言观色、善于察觉别人体态语言并作出有效反应的人。

3.

把握说"不"的分寸

拒绝是有秘诀的。拒绝得法，对方便心悦诚服；如果拒绝不得法，一定会使人对你不满，甚至怀恨你、仇恨你。

在职场里，有一个"不得不说的故事"，就是怎样拒绝兄弟部门抛给你的枯燥、乏味，而且费力不讨好、且没有成功可能的工作。我们在以下的文字中把这样的工作简称做"烫手山芋"。

小蒋所在的一家影视公司，最近要赶在"十·一"黄金周之前摄制一档特别节目送电视台播出。

身为编辑部主任的小蒋，在这个时候一方面要统筹记者的采编播安排，一方面又要协调与策划部的沟通，忙得马不停蹄。而偏偏在这个时候，新来的策划部主管以业务不熟悉为由，想把选题策划这一部分的工作甩给小蒋来做。

小蒋心里很明白，这次策划的难度比较大，做好了的话，是策划部的功劳，搞不好的话，被领导横挑鼻子竖挑眼，没准自己还会被卖到老板那里，再加上一个越俎代庖、不务正业的罪名，实在是费力不讨好。而且最关键的是她大部分的时间和精力都用在了编辑部的日常工作上，根本无暇他顾。但是她又不能简单地一口回绝，毕竟策划部、编辑部这两大部门的合作是最频繁的，搞僵了关系，工作上会掣肘。

看着策划部主管期待的眼神，小蒋坦诚地说道：

"我理解你的难处，这个时候我们两个部门是最辛苦的，而且你刚来就接手这么重大的策划活动，压力可能会更大。你看这个问题可不可以这样解决：主要的策划案还是由你们策划部来出，我这里可以抽调一个资深记者，在这期间做你的助手，帮你熟悉流程和我们这里的选题风格。你觉得会对你有帮助吗？"

策划部主管："比我原来的主意好很多。"

小蒋："现在还有个问题是，因为这个安排涉及一名记者的临时工作调配的问题，我们还得和老总商量一下。你什么时候有空？"

策划部主管（很配合地）："看你的时间安排吧。"

事实证明，小蒋的沟通是非常成功的。

面对对方在关键时刻抛过来的"烫手山芋"，小蒋不急不恼，不抵触。话一出口，先站在对方的立场上，表示理解对方的难处和苦衷，同时也带出了自己部门的困难；而给出的方案不但解决了对方的实际问题，而且也使自己全身而退，并且还以一种巧妙的方式让老总看到了小蒋作为一个部门主管，在关键时刻顾大局，识大体的品质。

当然，在这种情况下，小蒋也可以毫不夸张、直截了当地向对方"哭哭穷"，讲讲自己的难处，然后建议策划部主管找老总解决问题，到头来可能解决的方式是一样的。但是那样的话，他留给同事和老总的印象可就不是这个脸笑、嘴甜、心眼好的小蒋啦。

而小蒋如果水平再洼一些，面对对方的"烫手山芋"，先入为主地觉得"他太自私了，尽想着自己占便宜，一点都不为别的部门考虑"，如果是这样成见在先，欲将对方一棍打死的心态，当然很难处理好问题。到最后再不幸争执起来，吵到老总那里去告个御状，那就不但是小蒋和那位同事颜面无光，同时也是在骂老总无能。想想看，让你的老总每天都像幼稚园的阿姨一样，不停地解决小朋友打架的问题，你不就是在骂他御下无能吗？

拒绝的艺术，无疑是让我们多一份含蓄，多一份理解。如果人人都可以接受拒绝的艺术，那么在我们的生活中，就会减少更多的争执与仇恨。拒绝既要有力度又要不伤人，是很难让人把握的。因此对人说"不"的时候，意思一定要明确，防止不必要的误解。至于方式大可灵活些，点透即可。

1.用沉默表示"不"

当别人问："你喜欢某某吗？"你心里并不喜欢，这时，你可以不表态，或者一笑置之，别人即会明白。一位不大熟识的朋友邀请你参加晚会，送来请帖，你可以不予回复。它本身说明，你不愿参加这样的活动。

2.用拖延表示你的拒绝

一位女友想和你约会。她在电话里问你："今天晚上八点钟去跳舞，好吗？"你可以回答："再约吧，到时候我给你去电话。"

一位客人请求你替他换个房间，你可以说："对不起，这得值班经理决定，他现在不在。"

你和妻子一块上街，妻子看到一件漂亮的连衣裙，很想买。你可以拍拍衣袋："糟糕，我忘了带钱包。"

有人想找你谈话，你看看表："对不起，我还要参加一个会，改天行吗？"

3.用回避表示"不"

你和朋友去看了一部拙劣的武打片，出影院后，朋友问"这部片子怎么样"？你可以回答："我更喜欢抒情点的片子。"

你正发烧，但不想告诉朋友，以免引起担心。朋友关心地问："你试试体温吧？"你说："不要紧，今天天气不太好。"

4.用反问语表示你的意见

你和别人一起谈论国事。当对方问："你是否认为物价增长过快？"你可以回答："那么你认为增长太慢了吗？"

你的恋人问："你喜欢我吗？"你可以回答："你认为我喜欢你吗？"

5.用客气表示拒绝

当别人送礼品给你，而你又不能接受的情况下，你可以客气地回绝：一是说客气话；二是表示受宠若惊，不敢领受；三是强调对方留着它会有更多的用途等。

6.用外交辞令说"不"

外交官们在遇到他们不想回答或不愿回答的问题时,总是用一句话来搪塞:"无可奉告。"生活中,当我们暂时无法说"是与不是"时,也可用这句话。还有一些话可以用来搪塞:"天知道。""事实会告诉你的。""这个嘛……难说。"等等。

学会委婉的拒绝,恰当地说"不"并不是一件难事。只要学会了上面的方法,用最理想的方式表达自己的否定想法,并把它融入到你的实际生活中,一定会对你的人际交往有所帮助。希望这艺术流传到每个人的心里。

4.

会说的不如会听的

在这个世界上,人与人之间的主要交流方式是谈话。但是在同事之间、朋友之间、客户之间的交谈中,人们往往忽略了倾听的作用。君不见,在人的五官中,长了两只耳朵,却只有一张嘴,这无不说明倾听要比说话更重要。

聆听是搞好人际关系的需要。不重视、不善于倾听就是不重视、不善于交流。交流的一半就是用心倾听对方的谈话。不管你的口才有多好、你的话有多精彩,也要注意听听别人说些什么,看看别人有些什么反应。俗话说得好:"会说的不如会听的。"也就是说,只有会听,才能真正会说;只有会听,才能更好地了解对方,促成有效的交流。尤其是和有真才实学的人交谈,更要多听,还要会听。所谓"听君一席话,胜读十年书",大概也正是这个意思吧。

那么,是不是我们什么都不说,只一味地去听呢? 当然不是。假如一句话都不说,别人即使不认为你是哑巴,也会认为你对谈话一点兴趣都没有，反应冷漠。这样会使对方觉得尴尬、扫兴，不愿再说下去。到底多说好，还是少说好呢？这就要看交谈的内容和需要了。如果你的话有用，对方也感兴趣，当然可以多说；倘若你的话没有什么实质内容和作用，还是少说为佳。即使你对某个话题颇有兴趣和见解，也不要滔滔不绝、没完没了，更不要打断别人抢话，因为那样会招致对方厌烦，甚至破坏整个谈话气氛。

美国汽车推销之王乔·吉拉德曾有一次深刻的体验。一次，某位名人来向他买车，他推荐了一款最好的车型给他。那人对车很满意，并掏出10000美元现钞，眼看就要成交了，对方却突然变卦而去。

乔为此事懊恼了一下午，百思不得其解。到了晚上11点他忍不住打电话给那人："您好！我是乔·吉拉德，今天下午我曾经向您介绍一部新车，眼看您就要买下，却突然走了？"

"喂，你知道现在是什么时候吗？"

"非常抱歉，我知道现在已经是晚上11点钟了，但是我检讨了一下午，实在想不出自己错在哪里了，因此特地打电话向您讨教。"

"真的吗？"

"肺腑之言。"

"很好！你用心在听我说话吗？"

"非常用心。"

"可是今天下午你根本没有用心听我说话。就在签字之前，我提到我的吉米即将进入密执安大学念医科，我还提到他的学科成绩、运动能力以及他将来的抱负，我以他为荣，但是你毫无反应。"

乔不记得对方曾说过这些事，因为他当时根本没有注意。乔认为已经谈妥那笔生意了，他不但无心听对方说什么，反而在听办公室内另一位推销员讲笑话。这就是乔失败的原因。那人除了买车，更需要得到对一个优秀儿子的称赞。

205

听话也有诀窍。当某人讲话时，有的人目光游离、心不在焉，给人一种轻视谈话者的感觉，让对方觉得你对他不满意，不愿再听下去，这样肯定会妨碍正常有效的交流。当然，所谓注意听也不是死盯着讲话者，而是适当地注视和有所表示。

只要将人际关系融洽的人和人际关系僵硬的人做个比较，就会明白，越是善于倾听他人意见的人，人际关系就越理想。就是因为，聆听是褒奖对方谈话的一种方式。注意倾听不仅具有重要的意义，而且还能给我们带来许多好处。

第一，可以及时捕捉宝贵的信息，获取重要的知识和见解。

在现实生活中，只要留心倾听，就会不断有所收获。即使是看似平常的言论，也往往包含着许多宝贵的信息和智慧的哲理，从而触发自己的思考、产生灵感的火花。

第二，可以了解谈话者的意图和个性特征。每个人在谈话时，都会不自觉地显露出自己的个性特征和最初想法，只要细心分辨，就不难把握。比如，有人总爱说："你明不明白，你懂了吗？"这样的人大都自以为是、骄傲自满。有的人往往说："说实在话，真的是这样，我一点都不骗你。"这样的人总担心别人误解，或是急于博取别人的信赖。而经常爱说"我听别人讲，听说的。"的人处世比较圆滑，总要给自己留有余地，怕负责任。

对于说话条理不清的人，要想抓住他的真实想法，就更需要听清他的每一句话。为了了解对方的意图、洞察对方的心理，在人际交往中要学会用心聆听。

第三，一面倾听对方的谈话，一面观察对方的反应，这样就可以用较为充足的时间思考自己该怎么说。即兴构思、随机反应也是口语的重要特点之一，而多听、会听则给你的细看多想创造了有利条件。

5.

话不能说死，事不能做绝

　　人生在世，无论是做人还是做事，都要学会留有余地。不留余地好比棋的僵局，即使没有输，也无法再走下去。记住："话不可说满，事不可做绝"。话说满了就没有台阶可下，事做绝了等于自掘坟墓。杯子留有空间，就不会因加进其他液体而溢出来；气球留有空间，便不会因再灌一些空气而爆炸；人说话留有空间，便不会因为"意外"而下不了台，因而可以从容转身。

　　古希腊神话里有这样一个传说：太阳神阿波罗的儿子法厄同驾起装饰豪华的太阳车横冲直撞，恣意驰骋。当他来到一处悬崖峭壁上时，恰好与月亮车相遇。月亮车正欲掉头退回时，法厄同倚仗太阳车辕粗力大的优势，一直逼到月亮车的尾部，不给对方留下一点回旋的余地。正当法厄同看着难以自保的月亮车幸灾乐祸时，他自己的太阳车也走到了绝路上，连掉转车头的余地都没有了。向前进一步是危险，向后退一步是灾难，终于万般无奈地葬身火海。

　　这个故事告诉人们：遇事要留有余地，不可把事情做绝了。在人的一生当中，最难把握的两个字是分寸。做人做事恰如其分，是人生的最高境界。做事做到恰到好处，是人生的最大学问。把握好人生的分寸，说话做事恰到好处，也就等于自己掌握了人生的命运。

207

某公司新研发了一个项目，老板将此事交给了下属刘玉，问他："有没有问题？"刘玉拍着胸脯回答说："没问题，放心吧！"过了三天，没有任何动静。老板问他进度如何，他才老实说："不如想象中那么简单！"虽然老板同意他继续努力，但对他的拍胸脯已有些反感。

这是把话说得太绝而给自己造成窘迫的例子。把话说得太绝就像把杯子倒满了水，再滴就溢出来了；也像把气球灌饱了气，再灌就要爆炸了。当然，也有人话说得很满，而且也做得到。不过凡事总有意外，使得事情产生变化，而这些意外并不是人人能预料的，话不要说得太绝对，就是为了容纳这个"意外"！

张曼的小孩要上初中，想进一所好学校，小陈在与张曼的闲谈中知道了这件事之后，主动给她说认识教委的人，和他们很熟，能办成此事而且话说得很坚决。还告诉张曼不要再找别人了，他一定能办成。于是，张曼就把希望寄托在了他的身上。谁知道都要开学了，小陈也没把事情办成。小陈把话说得太绝对，不给自己也不给他人留有余地，结果把事情弄得一团糟。

在现代信息社会里，时代对于人才素质的一个基本要求就是要具有较强的交流信息的语言表达能力。一个善于说话的人，做事时一定会把握一定的原则，把握好其中的分寸，才会成为一个受欢迎的人。

有的人在说话时，为了强调自己的观点，动不动就说"绝对"怎么样，把话讲得斩钉截铁，不留半点余地，以致在特定情况下，使自己进退维谷，颇为尴尬。因此，会说话做事的人就不会感情冲动、头脑发热，也不会把话说得过于果断，避免把自己的退路全都封死。俗话说："人情留根线，日后好相见"，以防日后还有打交道的时候。我们生活中很多不愉快的事儿，起源多在口无遮拦上。要想在公司里得到发展，在社会生活中为人们所承认，就必须了解到这一点。如此才可避免出现尴尬的局面。

第十三章

做事先做人，人做好了事情自然好做

　　做事就是做人，做人是做事的开始，做事是做人的结果。要做事，先要会做人。只要把人做好了，事情自然就好做了，那么做任何事情都会如鱼得水，如云在天，成功也就自然而然，顺理成章。

1.

文明懂礼，有修养更受欢迎

礼仪直接体现了一个人的思想道德水平、文化修养和处世交际能力，对个人工作和生活的顺利与否有着至关重要的影响。尤其在中国这个以"礼仪之邦"著称的国家里，礼仪已经如血液一般渗透在人们生活的方方面面，以至于人们往往凭礼仪上的短暂印象来判断一个人是否值得交往。

有一位先生要雇一名勤杂工到他的办公室做事，为此，他在报纸上登了一则广告。广告登出之后，有50多人前来应聘，但这位先生只挑中了一个小男孩。

这个结果被这位先生的一位朋友知道了，他问这位先生："我想知道，你为何喜欢那个男孩，他既没带一封介绍信，也没受任何人的推荐。"显然，他觉得结果不可思议。

"你错了，"这位先生说，"他带来许多介绍信。他在门口蹭掉脚下带的土，进门后随手关上了门，说明他做事小心仔细；当看到那位残疾老人时，他立即起身让座，表明他心地善良、体贴别人；进了办公室他先脱去帽子，回答问题干脆果断，证明他既懂礼貌又有教养。"

这位先生接着说："其他人都从我故意放在地板上的那本书上迈过去，而这个男孩俯身拣起那本书，并放回桌子上。当我和他交谈时，我发现他衣着整洁，头发梳得整整齐齐，指甲修得干干净净。难道你不认为这些细节是极好的介绍信吗？我认为这比介绍信更为重要。"

做人一定要谦虚，懂礼仪。懂礼仪是年轻人所必备的素质，也是实现梦想、成就一番事业的关键因素。作为刚参加工作的新人，所需要的就是一步一个脚印，平和沉稳，做事踏实认真，只有这样，走遍天下都受欢迎。要记住，无论是哪个老板，都喜欢懂礼仪的员工。

礼仪有利于员工与他人建立良好的人际关系，形成和谐的心理氛围，促进员工的身心健康。任何社会的交际活动都离不开礼仪，而且人类越进步，社会生活越社会化，人们也就越需要礼仪来调节社会生活。礼仪是人际交往的前提条件，是和谐工作的钥匙。

在一辆公共汽车上，一个男青年吐了一口痰，女乘务员看到后，有礼貌地对他说："同志，为了大家有个清洁的乘车环境，请你不要随地吐痰。"没想到，那个男青年不但没有认错，反而破口大骂起来，然后又狠狠地朝着地面连续吐了三四口痰。乘务员气得一句话也说不出来，乘客们看不下去了，纷纷谴责那个男青年。男青年的同伴趁机起哄，骂人好管闲事。这时候，有人站出来让司机把车开到派出所去，没想到乘务员平静地对大家说："没什么的，请大家坐到座位上，以免车在行进的过程中有人摔倒。"说完，从她衣兜里拿出手纸，弯下腰将地上的痰擦干净，扔到了垃圾桶里。看到这个举动，大家都愣住了。男青年和他的同伴也不好意思起来，车到站后还没有站稳，他们就急急忙忙地跳下车，并对乘务员说："大姐，我们服你了！"

这就是修养的力量。礼仪是个人、组织外在形象与内在素质的集中体现。于个人而言，礼仪既尊重别人同时也是尊重自己的体现，在个人事业发展中起着重要作用。文明的举止足以替代金钱的作用，有了它就像有了通行证一样，可以畅通无阻。有教养的人不用付出太多就可以享有一切，他们在哪里都能让人感到阳光一样的温暖，到处受到人们的欢迎。

俗话说"礼多人不怪"。懂礼，知礼，行礼，不仅不会被别人厌烦，相反还会使别人尊敬你，认同你，亲近你，无形之中拉近了同他人的心理距离，也为日后合作共事创造了宽松的环境。反之，若不注重这些细节问题，犯了"规矩",就可能使人反感,甚至会使关系恶化,合作的机会相反就会更少。"有礼走遍天下",一位优雅的淑女或绅士,在任何地方都是受人欢迎的。

2.

方是做人之本,圆是做事规矩

做人要方圆有道。圆中有方,即是不忘原则;方外有圆,即是要灵活应变。在人们的日常生活中,唯有如此,方能在为人处世中做到游刃有余。

方是做人之本,是堂堂正正做人的脊梁,是对人生道德上的指引,它起着一种原则性的舒缓作用。这其实是不无道理的。因为每一件事情的运作都有其自身的规则,只有按照原则做事,按照规矩办事,才能使事情正常进行下去,才能赢得他人的信任。

圆为处世之道,这个圆绝不是圆滑世故,更不是平庸无能,这种圆是圆通,是一种宽厚、融通,是大智若愚,是与人为善,是居高临下、明察秋毫之后,心智的高度健全和成熟。中国人爱讲究圆,圆意味着好,意味着熟,意味着美,还意味着快乐。

所以,人人都觉得圆才是最好的,不缺失,很完美,还周全。能够把圆和方的智慧结合起来,做到该方就方,该圆就圆,方到什么程度,圆到什么程度,都恰到好处,左右逢源,那就离成功不远了。

有一位小保姆,由于性情实在,干活利索,给女主人的印象极佳。但是,生性猜疑的女主人还是担心这位姑娘手脚不干净,于是在试用期的最后几天想出个办法来试一试她。一天早晨,小保姆起床要去做饭,在房门口捡到十元钱,她想肯定是女主人掉下的，就随手放到了客厅的茶几上。谁知第二天早晨，小保姆又在房门口捡到了一张五十元钱，这让她感到很奇怪。"莫非是在试探我吗？"小保姆产生了这样的疑问。但她又很快打消了这个念头，因为女主人是一位大学教授，是很有身份的人，怎么会做出这样侮辱人的事情呢？这样想着，她就把钱放进了茶几底下，但心里面还是留了个心眼。

到了晚上，小保姆假装睡下，从卧室的窗户窥看客厅中的动静。正当她困意袭来，准备放弃这一念头时，女主人竟真的悄悄到茶几前取钱来了。小保姆彻底惊呆了，怒火冲上了她的心头：怎么可以这样小看人！她咬了咬嘴唇，下定了一个决心。

次日早晨，小保姆又在房门口发现了一张钞票，这次是一百元钱。她笑了笑，把钱装进了自己的口袋。她在女主人出去之前把这一百元钱悄悄地放在了楼梯上，准备也测试女主人一次。果不出小保姆所料，女主人之所以怀疑别人手脚不干净，正是因为她自己是一个自私而贪心的人，她在下楼时看见了那一百元钱，当时就眼睛一亮，然后趁着左右没人把钱塞在了口袋里。这一幕，全都被暗中偷窥的小保姆看到了。

当晚，女主人就像找学生谈话一样，严肃而又婉转地批评她为人还不够诚实，如果能痛改前非，还是可以留用的。小保姆故作懵懂地问："你是不是说我捡了一百元钱？""是呀！难道你不觉得自己有错吗？"小保姆摇了摇头："不，我不认为我做错了什么，因为我已经将那一百元钱还给您了。"女主人一脸诧异："咦，你啥时还我钱了？"小保姆大声回答："今天傍晚，公共楼梯……"女主人一听到"楼梯"两个字，当时像触了电一样浑身一颤，狼狈得一句话也说不出来了……

聪明的小保姆知道做人要方，处世要圆的道理。她知道那钱不是自己的就不应该占为己有，她还利用了一些圆滑的手法为自己找回了面子，女主人自然也不该再侮辱她的人格和尊严。试想一下，如果她正面反击，不讲策略又会是什么效果呢？做人要方圆有道，一劳永逸。

能做到不急不躁，不偏不倚；不左不右，不上不下；可进可退，可方可圆。这样,你的人生就达到了高境界,不论在何时、何地,你都不会吃亏。

古人说"智欲圆而行欲方",意思是说人的智慧要圆融无碍,不仅要能坚守原则以不变应万变,而且要有高度的灵活性。漫步河边,但见大大小小的卵石或圆或扁,无不曲线玲珑,全无棱角。其实这些卵石先前何曾似"卵",它也曾有过棱角峥嵘的岁月,只因它的模样很不符合潮流,以致被激流冲得栽了无数个跟头。日复一日,年复一年,它终于被磨去了棱角,磨掉了霸气,磨出了顺应潮流、不易受力的卵形。从此,此卵石与别的卵石便能和睦相处、相安无事。嶙峋之石自从磨砺成卵形之后,急流巨浪每每只与它擦肩而过,日子从此倒也过得安稳起来。做人又何尝不是这个道理?倘若每个人都棱角突现、锋芒毕露,大家都固执偏激、与人格格不入,则这个社会的人际关系无疑将相当紧张。所以,待人、交友、用人,都不可求全责备。相互之间多一点谅解和宽容,多一分理解和真诚,这正是方圆做人的道理。

有位大作家在如日中天的时候,接到一位青年的来信。这位青年说,要同他合写一部小说。大作家看后,心中有点生气,他在信中毫无保留地写道:"先生:你怎么如此胆大包天呢?竟然想把一匹高贵的马和一头卑贱的驴子套在同一辆车上。"这位青年灵机一动,在回信的开头写道:"尊敬的阁下:您怎么这样抬举我呢,竟然把我比作马?"在信的后半部分,这位青年将自己的写作特长、潜力,合作的必要性、可行性以及对青年成长的影响等等一五一十地写出来。大作家接到信后,哈哈大笑起来,立即回信道:"我的朋友:您很有趣,请把文稿寄过来吧,我很乐意接受您的建议。"

做人要方圆合一,只有方圆相济才是为人处世的最高境界。人仅仅依靠"方"是不够的,还需要有"圆"的包裹,无论是在商界、官场,还是交友、情爱、谋职等等,都需要掌握"方圆"的技巧,才能无往不胜。现实生活中,有的人在学校时学习成绩很好,进入社会却只是打工族;在学校学习成绩不好的,进入社会却当了老板。为什么呢?就是因为学习成绩好的同学过分专心于专业知识,忽略了处事之圆;而学习成绩不好的同学却在与人交往中掌握了处世的圆。

3.

宽容待人，给他人留余地

　　树活一张皮，人活一张脸，脸皮就是面子。人要脸，树要皮。这个俗语，就很巧妙地道出了面子里子的辩证关系。中国人的好面子，就好比英国人派绅士；法国人求浪漫；美国人尚自由。人们总是尽其全力来保持颜面，为了面子问题，可以做出常理之外的事。在知道人们是如何地注重面子之后，还必须尽量避免在公众的场合内使你的对手难堪，必须时时刻刻提醒自己不要做出任何有损他人颜面的事。

　　杰克每年都会受邀参加某单位的杂志评审工作，这个工作在当地非常具有荣誉感，很多人想参加却找不到门路，多数人只参加一两次，就再也没有机会了！杰克年年有此"殊荣"，让大家都羡慕不已。

　　杰克在年届退休时，有人问他其中的奥秘，杰克微笑着告诉了奥妙所在。他说：自己的专业眼光并不是关键，本身的职位也不重要，他之所以能年年被邀请，是因为他很会给别人"面子"。

　　杰克在公开的评审会议上一定会把握一个原则"多称赞鼓励，少批评论断"。但会议结束之后，他会找来杂志的编辑人员，私下再告诉杂志编辑的真正缺点。

　　因此，虽然杂志有先后名次，但每位也都保住了面子。也正是因为他顾虑到别人的面子，承办该项业务的人员和各杂志的编辑人员，都很尊敬与喜欢杰克，当然也就每年找他当评审了。

在生活中,"面子"是一件很重要的事。不少人为了"面子",小则翻脸,大则会闹出人命;如果你是个对"面子"冷感的人,那么你必定是个不受欢迎的人;如果你是个只顾自己,却不顾别人面子的人,那么你必定是个有天会吃暗亏的人。了解并使用职场潜规则,是在职场中成长的必需手段。你要永远记住一个物理的反应:一种行为必然引起相对的反应行为。只要你有心,只要你处处留意给人面子,你将会获得天大的面子。而且,给人面子并不难,只要多加称赞少作批评就行了,这不但是给人面子的相互尊重,同时也是一种非常有效的沟通方式,因为给别人面子,你才能够更有面子。年轻人常犯的毛病,自以为有见解,自以为有口才,逮到机会就大发宏论,把别人批评得脸一阵红一阵白,他自己则大呼痛快。其实这种举动正是在为自己的祸端铺路,总有一天会吃到苦头。

美国著名谈判艺术专家罗杰道森曾经遇到过一件事情:有一次,他去参加一家公司的商务宴请,当时他和这家公司的总经理坐在一起,高高兴兴地聊天。突然,一个地区经理怒气冲冲地走过来对总经理说:"我不知道公司是怎么想的,我们部门最优秀的一个提案居然没能获奖,我手下的员工们为了这个提案付出了所有的心血,我以后还怎么激励他们?"

总经理见对方如此无礼,马上就针锋相对地回应道:"那是因为你们的报告晚了整整七天,你明白吗?"于是两人吵了起来。

两个人针对一个简单的问题居然一吵就是20多分钟,到最后两个人已经完全失去了理智,争论的焦点也早已偏离了问题的本质。这时候罗杰道森看不下去了,他站起来对那个总经理说:"区域经理是想获得一份奖项,你能给他吗?"

总经理正在气头上,说:"这绝无可能。"

罗杰道森耸了耸肩,对区域经理说:"既然奖项已经拿不到了,如果总经理能去亲自慰问一下你的员工,可以吗?"

区域经理说:"如果不能得奖的话,这样倒也是可以。"

罗杰道森对总经理说:"区域经理已经做出了妥协,您是不是也能够让一步,满足这个要求呢?"

总经理当即表示同意,一场无意义的争吵就在彼此的妥协中结束了。

事后，罗杰道森说："在你准备和对方争吵之前，不妨先做出妥协，相信许多不必要的麻烦就会因此消失。"

区域经理和总经理之所以吵了起来，其实不是因为问题无法解决，而是因为谁都不肯让步。人都爱"讲面子"，你不依不饶，就等于伤害了对方的"面子"，也许一件小事儿也会因此变成一场尊严的"战争"。其实，只要你能妥协一步，给对方一个台阶下，就能化解许多不必要的争端和麻烦。因此，做人一定要给对方留余地，这不仅能表现你的宽容，更为重要的是，给自己留一条后路。留三分余地给别人，就是留三分余地给自己。

4.

中庸做人，贵在"妥帖"

中庸是一种做人哲学，更是一种成事的智慧。秉承中庸做人的哲学，身上就少了些火气，多了些和气。有人询问诸葛亮的后人："孔明经纶世事有何优处？"答曰："也没有什么，只是妥帖罢了。"此妥帖二字可使我们思考许多。

晚清名臣张之洞曾就任山西巡抚，即将启程时，有一个山西籍富商，泰裕票号的孔老板，表示要送一万两银子给他。他对张之洞说，他深知张之洞为官清廉，手头并不宽裕，出于对张之洞的敬慕，他送"一点薄礼"，为张之洞解决些差旅费。

张之洞当时婉言谢绝了孔老板的好意。可是当他来到山西，考察了当地的情况之后，深为山西罂粟的种植之多而震撼，他决心铲除山西的罂粟，让百姓重新种植庄稼。而改种庄稼，需要帮助百姓买耕牛、买粮种，但山西连年干旱、歉收，加上贪官污吏的中饱私囊，拿不出救济款发放给老百姓。他深感世事多艰，有时太坚持原则会把人难死，他决定向商号老板募捐。这时，他第一个想到的就是孔老板。

他想，孔老板很有实力，他拿银子贿赂自己，无非是为了日后得到关照。如果说服孔老板把银子捐出来，为山西的百姓做善事，以银子换美名，他或许会同意。

经过商谈，孔老板终于表示愿意拿出五万两银子，但前提是满足他的两个愿望，一是请张之洞在他票号大门口的匾上题写"天下第一诚信票号"八个字。第二个愿望是张之洞为他弄个候补道台的官衔。

刚开始张之洞觉得孔老板的这两个条件都不能答应，因为自己连泰裕票号诚信不诚信都不知道，又怎么能说它是天下第一诚信票号呢？第二他向来讨厌捐官，认为捐官是一桩扰乱吏治的大坏事，自己厌恶的事自己怎么能做！这个孔老板也太过分了，仗着有几个钱居然伸手要做道台！人家千千万万读书郎，数十年寒窗苦读，到死说不定还得不到正四品的顶子哩！可是不答应他，那么又到哪里去弄五万两银子呢？没有这五万银子，就没有五六千户人家的种子、耕牛，他们地里长的罂粟就不会被铲除，禁烟在这些地方就成了空话。

五万两银子毕竟不是个小数目，这对张之洞的诱惑太大了。经过反复思考，张之洞决定采用折中迂回的手段，答应为孔老板的票号题写"天下第一诚信"六个字，这跟孔老板所要求的那八个字相比，不仅仅是少了"票号"两个字的问题，而是意思上也有了很大的不同，因为"天下第一诚信"这六个字意味着：天下第一等重要的是诚信二字，并不一定是说他们泰裕票号的诚信就是天下第一。

至于他的第二个要求，张之洞反反复复想了很久，最后给自己找了这样一个台阶：一来，捐官的风气由来已久，不足为怪，二来即使孔老板做了道台，他依旧要做他的票号生意，并不会等着去补缺，也就不会去抢别人的位置，所以对孔老板来说不过是得

了个空名而已。再者按朝廷规定，捐四万便可得候补道台，孔老
板要捐五万，已经超过了规定的数目，给他个道台的虚名，于情
于理，都不为过。还是答应他算了，要不，他五万银子怎么肯出
手？为了五万两救民解困的银子，张之洞终于自己"说服"了自
己，而孔老板最后也答应了张之洞的折中方案。

把事情办得周全，让各方面的人都舒服，才叫高明。张之洞做出这种
折中的方案也有些无奈，但世事多艰，有几件事可以简单、顺利地办成呢？
那种怀着满腔理想主义、坚持原则毫不妥协的人，能做得成事情吗？张之
洞采取迂回的方式，借孔老板的钱改善民生，而孔老板也得到了名，并不
违背大的原则，也无可厚非。

人们常称赞一举两得、两全其美的举措，是因为这些举措排除了触及
各种人际关系后所产生的负面效果，直接达到了预期的目标。世事多艰，
没有几件事可以简单、顺利地办成。要成事，就需要折中。那种怀着满腔
理想主义、坚持原则毫不妥协的人，能做得成事情吗？

5.

吃亏是福，厚道的人必将得到回报

"忠厚传家久，诗书继世长"，这句话表现了人们对做人要厚道的追
求。什么是厚道？厚道是以诚相待、大度宽容，厚道是谦逊礼让、诚实守
信。厚道做人，您才能在人际交往中如鱼得水，左右逢源！

尹明善是重庆力帆集团的董事长。"做人要厚道"是尹明善
的人生哲学，他对社会、对待自己的员工也是这么要求自己的。
尹明善认为，最重要的是保障员工的基本利益。尹明善说："效

益不好就大量裁员，稍有困难就转嫁给员工，这样的企业最不厚道。力帆集团 2001 年就实施了最低工资制，具有 3 年工龄的员工工资不得低于 600 元。"力帆集团的最低工资制比重庆的最低工资标准高出 400 多元。

面对下岗，尹明善认为，一方面要鼓励员工，"今天工作不努力，明天努力找工作"，力求企业兴旺，以避免裁员造成员工失业。另一方面积极参与社会保险，在参保这件事上要厚道，尽快提高参保率。他说："员工病无所治，老无所养，厚道的老板心何以安。"他还认为，"职工有用武之地的期盼、学习上进的要求、娱乐休闲的渴望，老板都应认真对待，这些都是老板厚道的重要内容。"企业是要追求利润的。为什么老板要厚道呢？首先是看清楚财富究竟是从哪里来的。尹明善认为，"像我这样的民营企业家能有今天，是七分社会赋予，三分个人打拼。""企业的财富既然是员工共同创造的，企业主就应当使用这些财富来保住员工的饭碗。"其次是能体会员工的困难和需求。尹明善说："企业主获利多，员工挣钱少，员工心里是明白的。老板厚道，员工地道，同行称道，企业和谐，才能生财有道。"

作为企业家的尹明善，说的这些道理，对于我们做人做事是大有裨益的。厚道的人朋友多，厚道的人容易得到别人支持，厚道的人办事比较顺利，厚道的人处的环境会比较和谐，厚道的人前途更加广阔。

战国时，齐国的孟尝君是一个以养士出名的相国。由于他待士十分诚恳，感动了一个叫冯谖的落魄人，此人为报答孟尝君的礼遇而投到他的门下为他效力。

一次孟尝君叫人到其封地薛邑讨债，问谁肯去。冯谖自告奋勇说自己愿去，但不知将催讨回来的钱买什么东西。孟尝君说，就买点我们家没有的东西吧。冯谖领命而去，到了薛邑后，他见到老百姓的生活十分穷困，人们听说孟尝君的使者来了，均有怨言。于是，他召集了邑中居民，对大家说："孟尝君知道大家生活困难，这次特意派我来告诉大家，以前的欠债一笔勾销，利息也不用偿还了，孟尝君叫我把债券也带来了，今天当着大家的面，我把它烧毁，从今以后再不催还。"说着，冯谖果真点起一把火，把债券都烧了。薛邑的百姓没料到孟尝君如此仁义，人人感激涕零。

冯谖回来后，孟尝君问他买了何物，冯谖如实回答，孟尝君大为不悦。冯谖对他说："你不是叫我买家中没有的东西吗？我已经给你买回来了。这就是'义'。焚券市义，这对您收归民心是大有好处的啊！"

数年后，孟尝君被人谮谤，齐相不保，只好回到自己的封地薛邑。薛邑的百姓听说恩公孟尝君回来了，倾城而去，夹道欢迎。孟尝君感动不已，终于体会到了冯谖"市义"苦心。

也许有人会说，自己厚道就是自己吃亏，谁会这么傻做这样的事情呢？有这种想法的人只看到了事物的一面，没有看到事物的另一面，只看到了眼前的利益，没有看到长远的利益，觉得此时此刻自己吃亏了，却没有想到未来的日子因为你的厚道也许会得到更大的回报。将心比心，人心都是肉长的，人之初，性本善，恩将仇报的人毕竟是极少数，换作你自己，别人帮助了你，难道别人有了困难你就忍心袖手旁观吗？所以，在生活工作当中，我们吃点小亏并不是坏事，反而是我们的福气。厚道一点，吃亏是福，厚道的人必将得到回报。

第十四章

做人也在做事,事情成功人生就能成功

做人做事是一门艺术,更是一门学问。只有在做事中才能体会做人的道理,只有在做人中才能体会做事的意义。左手做好人,右手做好事,让自己会做人,善做事,那么成功又怎么会属于他人?

1.

踏踏实实做人，实实在在做事

踏踏实实做人，实实在在做事就要求你拥有高尚的人格，不要做墙头草随风倒；做事要有原则，不要做违背良心、背叛朋友的事；做人要有目标，要坚定不移地为自己的目标去努力去付出，遇到挫折不要气馁，不要盲目乐观也不要妄自菲薄；做事要踏实，一步一个脚印，不要急于求成，要深入扎实，不要敷衍了事。

有一个小寓言，讲得异常深刻：有个渔夫整日打鱼，以此为生。有一天，他运气不佳，忙活了一整天，只网到了一条小鱼，而且小鱼还劝他另做决定："渔夫，你放了我吧，看我这么小，也不值钱，你要是把我放回海里，等我长成一条大鱼，到那时你再来捉我，不是更划算吗？"渔夫说："小鱼，你讲得挺有道理，但是我如果用眼前的实利去换取将来不确切的所谓'大利'，那我恐怕就太愚蠢了。"

故事中的渔夫很聪明，要知道大海可不是渔夫自家的池塘。想捞什么就捞什么，所以踏踏实实地珍惜每一份收获是很重要的，只有脚踏实地，方可站得更牢。

做好工作固然重要，但为人之道才是根本。在工作和生活中，一定要先做人，后做事。每个人活在世上，都是有价值的，而其价值体现的媒介是工作。而如何能成功地做好自己的工作，使自身价值得到提升呢？最关键的就是如何做人，不论自己是怎样的一个人，在对待自己的工作时，

224

我们必须是一个踏踏实实的人。交付到手上的任务，无论是重要还是渺小，都应该尽力去完美地实施它。做人是做事的基础，做事是做人的体现，我们不管在什么岗位，要做个好人。不论大事小事，要做实事。

朱成，湖北省潜江人，外国语学院2003届学生，在校四年期间获得过国家级奖学金、湖北省一等奖学金、校级甲等奖学金、第十二届湖北省翻译大赛英语专业口译组二等奖等奖项。2007年，在毕业生们各奔前途之际，她成功考上了广东外语外贸大学的研究生。看着这一个个丰硕的果实，我们闻到了诱人的香味，殊不知，果实成长中要经过许多次风雨的洗礼。

高考时由于掉档，朱成来到了这个在当时还是三本的湖北民族学院。和许多人一样她心中也不平衡，也有过失望，未能如愿地踏入心目中的象牙塔。但在观看了学校表彰优秀学生的表彰大会后，她心中更是深刻地感受到了"没有最好的大学，只有最好的大学生"这句话的含义。

大一时，她并没想到将来要考研究生。只是觉得是金子总会发光，先把自己做好，才有资格去做其他的事。就这样，踏实的性格将她心中的不平衡慢慢地抹平。朱成是个比较内向的人，在丰富多彩的校园生活中，她更多时候是一名观众，一名听者。与参加活动相比，她更喜爱读书。大学期间，她百分之七十的时间几乎都是在图书馆里度过的。人各有志，贵在坚持。想想我们自己，谁敢保证像她这样持之以恒。书中自有颜如玉，书中自有黄金屋。在知识的海洋中遨游，她打造的是丰厚的知识底蕴。

追求知识，是她此生不变的真理。但她也有遗憾，快毕业了，而感觉图书馆还有许多书却没有看。如果时光可以倒流，她一定要读更多书。自信的眼神，沉稳的微笑，无不透露出"踏实"两个字的含义。朱成考上广外的研究生以后，很多同学都在问她相关考研的问题。曾经有位同学问她学习的具体要求，是否只要60分就可以。她说："考研没有捷径，学习讲求严谨，方法可以各异，但是态度必须端正，相信滴水可以穿石！"

225

朱成给我们留下了一句真诚质朴的话："想要做一件事就要严格要求自己，端正心态，稳定下来，踏实去做。踏踏实实，才是做人的根本。"

在人的一生中，能够立自身根基的事不外乎两件：一件是做人，一件是做事。踏踏实实才能有一颗平凡的心，才不至于被外界左右，才能够冷静，才能够务实，这是一个人成就大事的最起码的前提。古人云："欲成事先成人。"这也是一生做人做事的准则。其中蕴含的道理绝非三言两语就能说清的，当然也绝非我辈所能参透、所能悟出的，它需要生活的积累，需要生活的历练。

2.

勇于担当责任，才能成就大事

美国总统奥巴马在他的就职演说中说："这个时代不是逃避责任，而是要拥抱责任。"中国总理温家宝说："事不避难，勇于担当。"责任，是一种美德，是一种宝贵的进取精神。有责任感的人才能全身心投入到工作中，有担当精神的人才能敢挑重担、挑得起重担。

小宋是一家货运公司过磅称重的小职员，由于磅房经常过重车，计量工具被压得失去了准确性，当时机械师请假回家，小宋以前学过这些，于是便自己动手修正了它。结果由于精确度提高了，公司就在这个方面减少了许多损失。其实修理计量工作并不是小宋的职责，他完全可以睁只眼闭只眼，因为这本属于机械师的责任，而且无论这个秤准不准都不会对他的工资造成影响。

但是这位小宋并没有因此就不闻不管，听之任之，本着为公司负责的态度，他积极地纠正了这一偏差。正是由于这个小宋的这种责任感，为公司节省了不少的费用。

古今中外的伟人哲人都非常强调做人的责任。责任，就是一个人对自己、对家庭、对所属的群体、所生活的社会应承担的任务、应尽义务的自觉态度，是个人对社会的一种无可推托、必须完成的任务。勇于承担责任是一个人立足职场并做出成绩的基础和保障。职位越高，责任越大；工作越难，责任越重。

2005年8月28日，在陕西省洛川县境内的210国道上，一辆西安旅游集团的中巴车正在平稳地行驶着，车上是来自湖南的一个旅游团队。刚刚吃过午饭的游客有些昏昏欲睡，谁也没有想到，下午2点35分，就在一个急转弯处，对面一辆装有四十吨煤的大货车突然超车，以极快的速度冲了过来。

一场突如其来的车祸，让原本充满欢声笑语的车厢顿时陷入了极度的恐慌之中。旅游大巴车被撞得严重变形，车内血肉模糊，乱作一团。危急时刻，坐在车厢第一排的导游文花枝鼓励大家坚持住，一会就有人来救。当时身受重伤的文花枝声音虽然微弱，却十分的沉稳、坚定，像黑暗中的一线亮光，让惊魂不定的游客从死亡的噩梦里看到生的希望。事后许多亲历者都说，正是文花枝在关键时刻的挺身而出给大家支撑下去的勇气。

其实，在这起6人死亡、14人重伤、8人轻伤的重大交通事故中，文花枝也是伤得很重的一个，但重伤的她一直牢记着自己的神圣职责。当施救人员一次次向她走过来，她总是吃力地摇摇头说：我是导游，我没事，请先救游客！

在长达两个多小时的救援时间里，她多次昏迷，但只要一醒过来，就不停地为大家鼓劲。文花枝是最后一个被救出来的。她左腿9处骨折，右腿大腿骨折，髋骨3处骨折，右胸多处肋骨骨折。由于延误了宝贵的救治时间，医生不得不为文花枝做了左腿截肢手术。

　　当时的文花枝才 20 多岁，正是一个女孩最宝贵灿烂的青春年华。半个多月后，得知自己失去了一条腿的残酷事实，出事之后一直没有流泪的花枝流泪了。这个美丽的年轻姑娘，一条左腿从膝盖上被截掉。劫难之后，对于未来的憧憬和设想都被打乱。记者问她："你后悔吗？"文花枝笑着说："我只是做了自己应该做的。"也就是从这天起，花枝还是像从前那样，总是用微笑面对一切。

　　文花枝在带团途中遭遇车祸，身处险境，当营救人员想先把坐在车门口第一排的文花枝抢救出来时，她却没有忘记一名导游的神圣职责，高呼"我是导游，后面是我的游客，请你们先救游客"，把生的希望让给别人，表现了一个普通导游高度的工作责任感。

　　人们常说责任重于泰山。可以说任何一个人的成功，都来自于追求卓越的精神和不断超越自身的努力。从某种意义上讲，责任感已经成为人的一种立足之本。一个有责任感的员工，不为失败找理由，因为他敢于承担责任；不为错误找借口，因为他善于承担责任；不为公司添麻烦，因为他乐于承担责任！

　　一个企业就像一个大家庭，每个员工都有不同的工作岗位，同时也担负着不同的责任。如果你是一名员工，你就有责任去完成自己的本职工作；如果你是一名管理人员，那么你就要认真做好自己所分管的管理工作；如果你是一名领导者，你就有责任带领员工把单位效益搞上去，提高职工的福利待遇，让企业发达兴旺。勇担责任，才能做成事，做大事。

3.

感恩做人，快乐做事

成功学家安东尼说："成功的第一步就是先存有一颗感恩之心。"感恩是一种处世哲学，是生活中的大智慧。人生在世，不可能一帆风顺，种种失败、无奈都需要我们勇敢地面对、豁达地处理。这时，是一味地埋怨生活，从此变得消沉、萎靡不振？还是对生活满怀感恩，跌倒了再爬起来？英国作家萨克雷说："生活就是一面镜子，你笑，它也笑；你哭，它也哭。"感恩不纯粹是一种心理安慰，也不是对现实的逃避，更不是阿 Q 的精神胜利法。感恩，是一种歌唱生活的方式，它来自对生活的爱与希望。

有一位叫臧勤的出租车司机，被人称为"明星司机"。他今年 42 岁，在上海大众出租车公司工作。臧勤说，自己想做一名有素质、有头脑、有文化、很快乐的"车夫"。他平时喜欢看很多书，还有《财富人生》这类的电视节目，"当然不只是单纯地看，还要去思考"。这位开了 17 年出租车的司机近几年来平均月收入达到 10000 元左右，而他在工作中表现出的过人智慧也越来越为更多的人所熟知。

臧勤在工作中运用了一种"管理人员的思维方式"，他对营业数据进行统计、分析的工作方式令人耳目一新。他研究了计价器一天的详细记录后得到了这样的推算："我每次载客之间的空驶时间平均为 7 分钟。乘客上车后，10 元起步价大概需要 10 分钟。也就是说，我每做 10 元生意要花 17 分钟的时间"。

在根据核算得到"20 元到 50 元之间的生意，性价比最高"的规律后，他仔细研究了自己的行车线路，注意总结经验，创造出每做好一单生意之后，还要往哪儿拐弯，怎样规避交通高峰，"通过挑选行车线路来主动选择所载的客人"等运营理念。

此外,他十分注意收听电台广播,特别留心市内举办的商业交易会等活动资讯,"靠资讯引领生意"。他所在车队的负责人表示,"像他这样用脑子开车的驾驶员确实罕见"。

臧勤更是一名"快乐的哥"。他说:"很多司机都抱怨,生意不好做啊。油价又涨了啊,都从别人身上找原因。我说,你永远从别人身上找原因,就永远得不到提高。从自己身上找找看,问题出在哪里。"

让臧勤最得意的是他和乘客之间"良好的互动"。17年"的哥"生涯中,他还发展了一批"回头客",长期客户中不乏外籍人士,他们常常包租他的车,这些都给臧勤带来了不菲的收入。

臧勤的故事流传开后,很多人都知道了他,也有不少人说他做司机太委屈了。应该去公司做个高级管理人员。

臧勤却不这样认为。他说:"我只想做一个平凡的司机,我现在的生活很快乐。但是我要做快乐、有思想、有素质的司机,所以我还需要学很多知识,不断提高自己。"

臧勤的工作很普通,仅仅是开出租车,但他爱动脑筋,全身心地、尽职尽责地投入到工作之中,想尽一切办法把自己的工作做得完美。而他所得到的,绝不仅仅是 10000 元的月薪,更可贵的还是因为自己的出色表现而带来的自信与快乐。

不论你是百万富翁或是穷光蛋,每一天都应该有一个基本的目标,就是衷心喜悦地享受生活。患得患失的百万富翁会对自己说:"有人会偷走我的钱,然后就没有人理睬我了。"意志坚强的穷光蛋却会对自己说:"债主在街上追我的时候,我正好可以运动一下。"你每天都应该记住:快乐是你赠送给自己的礼物,不是圣诞节的点缀,而是整年的喜悦。一项研究发现,人在快乐的思维中,视觉、味觉、嗅觉和听觉都更灵敏,触觉也更细微。人进入快乐的思维或看到愉快的景象,视力立即得到改进;人在快乐的思维中记忆大大增强,心情也轻松。可见,快乐做事更有效率。

能不能从工作中感受到乐趣,归根到底是一个心态问题。视工作为乐趣,你就能开心的工作;视工作为痛苦,你就陷入了消极被动的境地。其实,工作本身是没有意义可言的,它总是充满了机械性、重复性,但如果我们赋予了它意义的话，工作就会变得有趣。因此，我们所从事的工作是单调乏味还是充实有趣，往往取决于我们对待工作的态度。

汤姆在一家广告公司工作了一年，由于不满意自己的工作他愤愤地对朋友说："我在公司里的工资是最低的，老板也不把我放在眼里，如果再这样下去，总有一天我要跟他拍桌子，然后辞职不干。"

"你对公司的业务都清楚吗？对于公司运营的窍门完全弄懂了吗？"他的朋友问道。

"没有！"

"大丈夫能屈能伸。我建议你先冷静下来，认认真真地对待工作，好好地把他们的一切经营技巧、商业文书和公司组织完全搞通，甚至包括如何书写合同等具体事务都弄懂了之后，再一走了之，这样做岂不是既出了气，又有许多收获吗？"

汤姆听从了朋友的建议，一改往日的散漫习惯，开始认认真真地工作起来，甚至下班之后还留在办公室研究商业文书的写法。

一年之后，那位朋友又遇到他。

"你现在大概都学会了，可以准备拍桌子不干了吧。"

"可是我发现近来，老板对我刮目相看。最近更是委以重任，又升职又加薪。说实话，现在我已经成为公司的红人了！"

"这是我早就料到的！"他的朋友笑着说，"当初你的老板不重视你，是因为你工作不认真，又不肯努力学习，没问自己能做什么却总想着自己能够得到什么。后来，你痛下苦功，能力提高了，也给公司带来了效益，当然会令老板刮目相看了。"

我们中的许多人不也像起初的汤姆吗？因为薪酬不高而满腹牢骚，却忘了先问自己能够做什么、给企业带来了什么。一名感恩的员工则恰恰相反，他知道他已经从工作中获益良多，需要尽最大的努力来回报老板的知遇之恩和企业的培养之恩。一个懂得付出的人，自然也会收获更大的成功，这本来就是一个良性循环。

感恩可以让我们浮躁的心平静下来。重新审视我们身边的一切。一个人可能并没有多少财富,但只要拥有一颗感恩的心,一样可以变得"富有"起来,过上幸福、快乐的生活。感恩让我们学会了珍惜,也学会了更好地去奉献自己、服务他人乃至报效社会。感恩就像一把密钥,开启了我们的敬业之门。

一个人只有懂得感恩才能积极主动、感受到幸福。在职场中,有了感恩工作就会变得如游戏一般简单轻松,人才能够在工作中实现自我,得到满足。在感恩的精神里,我们更能体味到成功的喜悦和生命的真谛。只要我们懂得感恩,懂得珍惜眼前已有的一切,我们便会迅速富足起来。

4.

全力以赴,把事情做到最好

当今社会,职业竞争激烈异常,每一份工作都得之不易,因此我们要好好珍惜。既然已选择了一个工作,就必须做好它的全部。不管你是在做一份接线员的工作,还是身担总经理的大任,在每个工作岗位上都要用心工作,全力以赴,把事情做到最好。

小江是一家房地产公司的一个小文员,他总是埋头忙于做不完的文案,他知道,工作认真刻苦或许是他唯一可以和别人一争短长的资本。一年后,因为经济危机,领导在一项工程上投入3000万元被套死,公司开始出现资金困难,员工的工资开始告急,许多员工纷纷跳槽。到最后,公司总经理办公室的人员就只剩下他一个人了。因此,小江的工作量陡然加重,除了做文案,他还要接听电话、为领导整理文件等。对此,他并无怨言,还为公司出谋划策。

有一天，小江对领导说："老板，我们公司并没有垮掉，我们用不着这样消沉。我们不是还有另一个项目吗？只要好好做，这个项目就可以使公司东山再起。"小江说完，拿出自己写好的那个项目的策划文案。领导埋头看了好一会儿，然后抬起头，满脸惊讶地说："你的建议太好了。"

几天后，领导派小江开始做那个项目。两个月以后，项目完成。通过这个项目，小江为公司争取到了 1000 万元的资金。公司终于有了起色。两年后，小江成了公司的副总，他与领导一起做成了好几个大项目。

在一次员工会上，领导一定要小江为在场的数百名员工说点什么。小江说："其实很多事情都是相通的。通过这几年的经历，我的收获就是：尽心尽力把工作做好，我们就可以取得成功！"

"尽心尽力把工作做好，我们就可以取得成功！"告诉我们：那些时刻和公司站在一起并获得成功的人，最终必将成为企业的中坚力量，他们自己也会借此成为带着光环的成功人士。所以，当我们无法独立地拥有一份自己的事业的时候，我们最好的选择就是：尽心尽力把工作做好。

在日常工作中，有些人在接到任务时，嘴上通常说的一句话是"我尽力而为吧"。其实，工作中没有"尽力而为"，只有"全力以赴"。员工在工作中一定要全力以赴，对结果志在必得，才能使自己的价值提升。我们在工作中不仅仅只是完成任务，更要提供结果，提供一个让大家都满意的结果。能够清晰地认识自己肩上的责任，并勇于承担责任的人，任何工作对于他来说，都会完美地达成结果。这种态度是每个人都应该具有的，也是每个人应尽的义务和责任。任何时候，不论何种工作，都需要全心地投入，保证结果的完美产出。

一天晚上，华为礼宾部一名工作人员去机场接一位重要客户。等了很长时间，等来的却是飞机晚点、客人要次日凌晨才能到达的消息。客人下了飞机后，心想，都这么晚了，肯定不会有人接了。然而让他意想不到的是，刚一到出站口，他就看到这名工作人员孤零零地站在那里等待。当时,客户心底一热,有点不敢相信自己的眼睛。送客人回宾馆之后,因为太累,这名工作人员竟然在车上就睡着了。第二天,客人看到这名在车里睡了一晚上的员工,不由流下了眼泪,感慨了一声:"华为,了不起啊!"

其实,类似的故事在华为举不胜举。有一次,一位员工去接客户时,发现客户眼睛布满血丝,于是想:客户可能没休息好!于是他主动帮客户买来眼药水。客户接到接待人员为自己特意买来的眼药水,非常激动,连连道谢。

树立结果意识,全力以赴,把事情做到最好,对企业的生存发展至关重要,无论是接机的员工还是给客户买眼药水的员工,其实都没有人督促他们。飞机晚点那么长时间,那位员工完全可以回去先休息一会再来,或者叫别人来替换一下自己,至于给客户买眼药水,公司根本就不会有这样的规定,完全出于自觉。但他们并没有因为公司没有规定或者没人督促,就不去做这些事情。没人督促,就自己督促自己,这可以说是全力以赴,对结果志在必得。全力以赴把工作做出结果,是员工热爱工作的体现,也是员工必备的素养之一。有了这份工作热情,你就能提升自己在老板心目中的位置,就会被调升到更高的职位,获得更大的成功。

5.

平衡是做人的智慧,更是做事的秘诀

工作和生活,不能平衡就会顾此失彼,偏颇不公,不是工作大打折扣,就是生活不尽如人意,不论是左手还是右手,都会深受影响。只有握紧双手,让左右平衡,才能兼顾工作和生活,活出人生的精彩。

弗兰克是个商人，赚了几百万美元。虽然他在事业上十分成功，但却一直未学会如何放松自己。他神经紧张，并且把工作中的紧张气氛从办公室带回了家里。

弗兰克刚刚下班，回到家里，走进餐厅，餐厅中的家具十分华丽，但他根本没去注意它们。弗兰克在餐桌前坐下来，但十分烦躁，于是他又站了起来，在房间里走来走去，还差点被椅子绊倒。

一名佣人把晚餐端上来后，他很快地把食物一一吞下。吃完晚餐后，弗兰克立刻起身走进起居室。起居室装饰得十分美丽：有一个长而漂亮的沙发、一把华丽的真皮椅子，地上铺着高级地毯，墙上挂着名画。他把自己投进一把椅子中，几乎在同一时刻拿起一份报纸。他匆忙地翻了几页，急急瞄了瞄大字标题，然后，把报纸丢到地上，拿起一根雪茄，点燃后吸了两口，便把它放到烟灰缸上。

弗兰克不知道自己该干什么。他突然跳起来，走到电视机前想看电视。等到影像出现时，他又很不耐烦地把电视机关掉。他大步走到客厅的衣架前，抓起帽子和外衣，走到屋外散步去了。

弗兰克这样子已有很多次了。他生活富足，没有经济上的顾虑，事事都有佣人服侍他——但他就是无法放松心情。为了争取财富与地位，他已经付出他的全部精力，然而可悲的是，在赚钱的过程中，他却迷失了自己。

学会放松，是平衡工作和生活的又一个秘诀。现在生活节奏越来越快，工作压力也越来越大，生活的负重感也越来越强。如何从沉重的工作和生活的压力中将自己拯救出来，从忙碌之中将自己解脱出来？这就需要我们学会放松身心，只有这样我们才能从容地工作，优雅地生活。

有一种说法是"放松需要花很长的一段时间"，因此，经常听到别人说"我没有时间放松"；另一种说法认为"放松"意味着一种内心深处难以揣摩的冥想；还有人认为"放松"是我们在完成一件事后，逐渐地松弛紧张的情绪。绝大多数的人对"放松"的概念是在一天的辛苦疲倦后洗个热水澡,或是躺一躺,好好地睡一觉。这些都是放松的方法,但最重要的是你一定要了解自己的能力范围,知道应该在什么时候放下工作,轻松一会儿。

有紧张就必须要有放松。你应该知道在什么时候放下工作,轻松一会儿,在紧张的生活中学会松弛自己的神经。只要你能在繁忙的世界中过得轻松愉快,你就是一个幸运者——你将会幸福无比。

放松就是逐渐地松弛紧张,就是如此简单。人们好比是用钥匙上着发条的旧式机械玩具,压迫感促使我们背部的发条逐渐锁紧。我们唯有借放松来松弛发条以减少压迫感。更进一步而言,仿佛玩具一般,我们也需要一些动力的驱使来运作。但假使施以的动力过大,我们便因趋近极限点,而有断裂的危险。不过我们与玩具之间至少有一个重要的不同点:我们可以停止紧张的累积,并且可以随时随地决定松弛紧张。

我们可以去跳舞、出外用餐、外出观赏、参加户外活动,以及从事园艺活动。这些活动与许多其他的活动都是放松的方法,并且能兼顾疗效与乐趣,虽然相同的活动对每个人的效益不同。然而,除了这些一般性的放松活动外,为了达到"轻松",你还可以练习固定的深度放松技巧。深度放松是一种过程和缓且需要练习的技巧,能够让我们恢复体力、平静心情及抵消压力所引起的生理影响。

　　丘吉尔是英国首相,英国二战中的英雄。他每天工作16小时却从不知疲倦,关键在于他知道如何防止疲劳。他每天早晨在床上工作到8点,看报告,发布命令,打电话,甚至举行会议。而且每隔一段时间,在疲倦向他袭来之前,他都要上床休息几十小时。所以,丘吉尔每天工作16小时从不觉疲倦。

不管你对于工作与生活的平衡有怎样的看法,只要你觉得这样做能让生活与工作都处于一种相对美好的和谐状态。那么,你的职场生活会因此而更加幸福。

附　录

做人处事的道理

●做人处事六原则：一要守本分。二要守规矩。三要守时限。四要守承诺。五要重方法。六要重效果！

●做事宁可慢些，不要太急而错误；做人宁可笨些，不要太巧而败事。做事可失败，做人不能失败；过去可失败，未来不能失败！

●做人的属下要如土，能谦卑低下；做人的主管要如海，能不拣粗细。与朋友相交要如林，善含藏万象；与大众相处要如水，能屈伸自如。

●做人要讲是非，但不要太计较利害；做事要讲利害，但不要太害怕是非。对人，要往好处想，往长处看；对事，要往远处想，往大处看。

●做人：一要严于律己，宽以待人。二要谦和为美，多让少争。三要与人为善，切忌骄横。四要仗义疏财，扶危济贫。五要诚信待人，远离是非。

●做人要内外如一，处事要知行合一；说话要言行一致，行为要表里如一；做人要前后一致，做事要老少无欺。

●比赛，有胜有负；地位，有上有下；际遇，有好有坏；人生，有得有失。做人要尽力而为，处事要随遇而安！

●做人切记三不要：一不要拿自己的错误来惩罚自己；二不要拿别人的错误来惩罚自己；三不要拿自己的错误来惩罚别人！

●大事不糊涂，小事不渗漏，得拿起时则拿起，得放下时且放下。做人要懂得拿得起是一种胆略，放得下则是一种智慧！

●做人贵在清白，做事贵在认真，做学问贵在不好高骛远。做人要有志、有识、有恒、有自信。做事要不图虚名，多干实事！

●做人牢记三点：一、拿望远镜看别人，拿放大镜看自己；二、接受表扬要低下头来，接受批评要抬起头来；三、不要把善良看成愚蠢，不要把谦虚看成懦弱！

●人生中要牢牢把握三条线：一是生命线（政策策略）；二是警戒线（党纪党规）；三是高压线（法律法规）！

●做事，要做好事，好好做事，做有益之事；做人，要做好人，好好做人，做优秀之人。做事，工作上求勤奋，结果上求卓越；做人，信仰上求高尚，行为上求自律。

●做明理的智能人，做欢喜的快乐人，做奉献的爱心人，做有力的忍耐人，做融和的大度人，做共生的地球人！

●做人三要：一要恩怨分明、敢作敢为、敢拼敢搏。二要视野开阔，心胸豁达、心态平和。三要给人欢喜、给人希望、给人信心、给人方便！

●对父母要尊敬，对子女要慈爱，对亲友要慷慨，对大众要礼貌。要用体谅的心对待亲情；要用结缘的心对待友情！

●做人骄气不可长，傲骨不可无，贪欲不可有，爱心不可少。只有尊重别人，才会庄严自己！

●坐姿如钟，必须稳重；站立如松，必须正直；容貌如镜，必须明净；行止如法，必合礼仪；视听如教，必能受益；思想如流，必然清澄。

●做事要专，做人要宽。做事可以兼职，做人只能专职。清白做人，用心做事，不求完美人，只求完美事！

●与其做一个有金钱的人，不如做一个有价值的人；与其做一个忙碌的人，不如做一个有效率的人。人不能只生活在过去，更要快乐地生活在未来。

●做人应自强自立，不因他人言行而动摇初衷；做人应自主自尊，不因遇到困难而灰心丧气。面对挫折要有自信，面对失败要有傲骨！

●做人在学习领域要精益求精；在工商社会要交流纵横；在人际空间要谈笑经营；在孤独寂寞要心灵平静！

●不妄动，动必有道；不滥言，言必有理；不苟求，求必有义；不虚行，行必有正。做人要：知理、知事、知人、知情！

●做人十忌：忌虚荣、忌懒惰、忌骄慢、忌暴戾、忌贪吝、忌私心、忌无信、忌邪执、忌不忠、忌说谎。

●诚实者胜，勤劳者胜，谦虚者胜，仁义者胜，大公者胜，笃实者胜，忠忱者胜，信用者胜，圆融者胜。